"十四五"普通高等教育本科部委级规划教材

FUZHUANG SHEJI YU CHUANGYI
服装设计与创意

陈淑聪　编著

U0189805

中国纺织出版社有限公司

内 容 提 要

本书为"十四五"普通高等教育本科部委级规划教材。本书从创意服装设计思维、灵感来源、设计风格、基本元素以及设计师创意服装作品赏析等内容,通过大量实际案例,采用图文结合方式,详细讲解创意服装设计的表达方法、技巧和途径。

本书既可作为高等院校服装专业课程教材,也可供相关专业人员学习参考。

图书在版编目(CIP)数据

服装设计与创意/陈淑聪编著 . –– 北京:中国纺织出版社有限公司,2023.11

"十四五"普通高等教育本科部委级规划教材

ISBN 978-7-5229-1184-7

Ⅰ.①服… Ⅱ.①陈… Ⅲ.①服装设计－高等学校－教材 Ⅳ.① TS941.2

中国国家版本馆 CIP 数据核字(2023)第 211988 号

责任编辑:朱冠霖 特约编辑:刘清帅
责任校对:高 涵 责任印制:王艳丽

中国纺织出版社有限公司出版发行
地址:北京市朝阳区百子湾东里 A407 号楼 邮政编码:100124
销售电话:010—67004422 传真:010—87155801
http://www.c-textilep.com
中国纺织出版社天猫旗舰店
官方微博 http://weibo.com/2119887771
北京通天印刷有限责任公司印刷 各地新华书店经销
2023 年 11 月第 1 版第 1 次印刷
开本:787×1092 1/16 印张:7.5
字数:220 千字 定价:59.80 元

前 言
PREFACE

　　服装设计与创意是服装设计专业的一门必修课程，也是服装专题设计、毕业设计等课程的必备基础。它是一门涉及领域极广的边缘学科，与艺术、历史、哲学、宗教、美学、心理学、生理学及人体工学等社会科学和自然科学密切相关。它属于工艺美术范畴，是一种实用性和艺术性相结合的艺术形式。

　　创意服饰是指除满足产品本身的实用功能外，在外观的设计上融入时尚、个性化追求的服饰用品。产品以独特的设计打动人心，融合了设计师的创新和灵感，符合人们对美及魅力的高要求。创意时尚服饰展现的魅力能舒缓生活中的部分压力，增添个人魅力。

　　创意服饰作为创意产业的一部分在全球迅速发展。随着国内居民消费层次的提高，创意服饰在国内快速升温，一些本土的原创设计已经成为推动国内创意服饰行业发展的重要力量。

　　党的二十大强调实施科教兴国战略，强化现代化建设人才支撑，深入实施人才强国战略。培养新一代具有创新意识的服装人才可以有效提升我国服装自主品牌的溢价能力和品牌竞争力，有效推动国内服饰行业的发展。

　　本书对现代创意服装的诠释、表达和阐述，是基于笔者多年来从事设计教学的工作经验和心得体会，书中穿插大量的国内外设计师的创意服装作品，以及部分实践教学中学生的优秀设计作品，结合课件、练习题、案例等，全方位满足读者的多元化需求。本书结合大量优秀的经典案例分析创意服装的设计要领，以图文并茂的形式阐述，一改往日靠文字说教的方式，使学生比较直观易懂地掌握相关知识点的学习要求。由浅入深，循序渐进，力求读者掌握创意服装的设计知识和技能。

　　由于笔者水平有限，书中难免存在不足之处，敬请有关专家、广大读者和同行批评、指正。

编著者

2023 年 7 月于嘉兴学院设计学院

目 录
C O N T E N T S

第一章
创意服装设计概述

本章知识点：

1. 服装创意设计的相关概念

2. 服装创意设计的作用和意义

3. 服装创意设计的表现形式

第一节　服装创意设计的相关概念

一、服装的概念

从广义上讲，指任何附着于人体上且肉眼可见的物体，是穿着于人体之上的物品的总和。包括覆盖或遮盖人们身体的服装鞋帽及装饰品，也包括我们穿衣打扮的行为及方式。

从狭义上讲，指衣服，主要指用纺织物等各种软性材料制作的用于人们日常穿着的生活用品，这是大众最易于接受的服装概念。

服装具有物质和精神的双重特性。服装是人类物质文明发展的产物，其发展受到社会生产力水平的影响。服装与人合为一体，这种由人和服装共同构成的着装状态，必然反映了着装者的政治、宗教、习俗、审美观、社会行为规范及评价标准等，所以服装也包含了社会文明。

二、设计的概念

设计（Design）既指计划、构思、设立方案，也含有意象、作图、造型之意，而服装设计就是解决人们穿着生活体系中诸问题的富有创造性的计划及创作行为。

三、创意思维的概念

古往今来，学者们对创意的认识不同，所作定义也各不相同。《现代汉语词典》的解释是，有创造性的想法、构思等。

美国心理学家和心理测量学家罗伯特·斯滕伯格（Robert J. Sternberg）认为，创意是生产作品的能力，这些作品既新颖（也就是具有原创性，是不可预期的），又恰当（也就是符合用途，适合目标所给予的限制）。

建筑学者库地奇（John Kurdich）认为，创意是一种挣扎，寻求并解放我们的内在。

赖声川先生说："创意是看到新的可能，再将这些可能性组合成作品的过程。"

这些定义都说明了创意包含两个主要面向："构想"面向与"执行"面向，"寻找"与"解放"在更深层面说明以上两种面向的创意工作。赖声川先生把这两部分称作创意的"二部神秘曲"，既独立又互相联系，它是通过两个步骤进行的——欲望的涌现，以及表达这种欲望的方式。

在我国，"创意"的概念源于英文单词"Creative"的翻译，原意为"有创造力的、创造性的、产生的、引起的"等，其名词"Creativity"可以翻译为"创造力"或"创意"。毋庸置疑，创意是人类的一种思维活动，是创新的意识与思想，就是我们平常所说的"点子""主意""想法"等。因此，创意是一个相对"大众化""民主化"的语汇，其活动往往表现为一种普适行为——人人可为。创意是一种新奇的、独创的创造性意识（图1-1、图1-2），是现代设计中一个全新的概念，旨在挖掘人的创造潜能，发挥人的主观能动性，以人的智慧再创造出一个新的世界。创意是生活的一部分，也是我们与生俱来的一种能力。在国外，创意早已融入人们日常生活，成为街头巷尾、点点滴滴中的平凡而珍贵的事物。

图1-1 面料肌理创意服装　　　　　　　图1-2 造型创意服装

当然，并非所有的"创意"都是向上的、积极的且有价值的。正如"发明"被划分为有用发明和无用发明，"创意"也可区别为"有价值创意"与"无价值创意"。例如，用玻璃做成的马桶是创意，但是不太可能有人去使用，因为这种创意在人们看来没有价值。所以，衡量创意是否有价值的一个前提就是创意的结果要得到目标受众的价值认可。

创意是制造业的灵魂，当制造业发展到一定阶段的时候，就应该避免单纯依靠价格优势进行竞争。创意是由中国制造转向中国创造的关键突破点，创意与技术创新是"中国创造"战车的两只车轮。制造业的核心是设计，而设计的灵感源于创意。

四、创意设计的概念

创意设计是指将创造性的意念通过一定的创造性活动加以表现和实施。从字面上可以理解为带有创造性特征的意念、意思、意味、意义的设计。从现代设计的角度来看，又可以理解为：一切对现实有所突破、有所创新的设计均属于创意设计。

五、服装创意设计的概念

服装创意设计即以服装为载体的创意设计，也可以理解为带有创造性意念、意味的服装设计，往往通过"讲故事"的方式营造一种令人向往的崭新的生活方式或生活形态，以此打动消费者的心，引起他们想要拥有的欲望。服装创意是服装设计师以富于创造性的设计理念，借助服装材料和构成形式来表现自己的情感和思想。

服装创意极为注重人的创造性和作品的创新感，强调全新的观念、全新的视觉、全新的方法、全新的形式，以全新的事物带动服装潮流的发展。富有创意的服装，往往把创意与审美放在首位，服装的功能性退居其次。当今的时尚界，对服饰的创新性及时尚性的要求越来越高（图1-3）。

服装创意设计是一种艺术想象，源于现实，又超越现实，既对已经存在的形式认同，又力求探索新的形式。即使在强调功能性和实用性的服装设计中，同样存在创新的成分，差异只在于多少而已。服装创意设计既有科学性又有艺术性。科学性表现在服装对人体的适应和人体对自然环境的适应，反映在与人体结构及与运动规律有关的服装结构上，对材料的运用是调节人体与自然环境的关系。这一点在实用性服装中表现得最为明显。

六、创意服饰的特点

创意服饰的核心主题是"创新"，不是在大街上随处可见的形形色色的普通衣服。

常规服饰在人们的着装中存在了很多年，而创意服饰除了满足保暖御寒等基本功能外，还要能更好地满足消费者对美、个性的追求，具备外观、功能等各方面的创意点、闪光点。

图1-3 川久保玲设计的创意服装

每件创意服饰的诞生都融入了设计师的心血和灵感，有很多艺术创新的东西暗含其中。传统服饰的设计元素很少，更注重面料肌理再造、款式结构的变化、色彩等的组合。一般来说，创意服饰都是用轻质的、环保的材料精心制作的。高档的创意服饰还用到很多高科技的新型材料。

相比较而言，创意服饰的价位比传统服饰略高。这主要是因为它们的设计和推广成本高，生产量不大，销量有限。

创意服饰的主要消费群体大都是15~30岁的城市人群。这个阶段的消费群体思想前卫、好奇心强，对美有较高的要求，追求时尚，更重要的是，这个阶段的消费群体经济实力较强，喜欢把自己打扮得漂漂亮亮、魅力十足。

七、创意的评价标准

1. 创新性

创新是创意的核心要素。创新既可以是突破性的，也可以是渐进式的。

2. 表现力

一个好的设计作品必须有好的表现效果与之配合。如果将好创意比作产品的精神和灵魂，那么好的表现力是表达其精神和灵魂的必要途径。

3. 功能性

功能性表现了设计作品存在的价值。产品设计毕竟不同于艺术创作，前者具有普适性，需要解决问题，为人们的日常生活谋福祉，而后者也许只是创作者的个人表达。

4. 可行性

可行性是指产品的可实现性和面对所处时代的应用价值。很多学生的设计稿存在根本没办法实现的情况。设计必须落到实处，要脚踏实地，不能脱离了服装结构的功能而随意涂鸦。

5. 可持续

可持续是一种设计态度，反映了创意设计的社会责任感和历史责任感。设计的终极目标是对人的极致关怀，而不是单纯刺激欲望，前者具有恒久的力量，后者必然稍纵即逝。绿色设计、可持续设计等都是时尚界设计师应该关注的。

6. 文化属性

创意的文化属性需从两个维度解读。其一是时间的纵向维度。不同历史时期的创意思维有所差距，因此可以说创意思维具有历史性，创意设计作为一种文化现象，必然受到历史条件的限制。其二是空间的横向维度。不同的国家和地区有着不同的文化特色，东西方不同；即使同为西方，欧美也不同。这受到地理位置、民族习惯、政治制度、宗教信仰等多种因素的影响。所以创意的文化属性是一种限制条件下的属性，需要在创意设计中首先进行精准的定位，不能脱离既定的文化语境。

第二节 服装创意设计的意义

服装设计是一门艺术，也是一门创新意识非常强烈的前沿学科。在经济和文化迅猛发展的今天，消费者对设计创意的需求越来越高。服装设计中最为灵魂的部分，就是要求设计师结合当下流行趋势，创新服装款式，以满足消费者多元化的消费需求。设计师运用合理的设计思维，从形式美法则出发，设计出或简或繁的优雅、时尚、精致的服装，满足消费者多元化、个性化的情感需求。

在服装设计创作过程中，通过多方位、多角度地运用创意思维，加之科学正确的创意手法，能够使设计作品更具有独创性和感染力，并且能更好地指导设计实践，创造出新主题、新色彩、新造型等。因此，创意思维是服装设计的灵魂。

创意服装的目的常常是追求一种新的服装形式和新的着装观念。一种好的创意服装，从使用功能上看，虽然不能直接服务于日常的现实生活，但能让人们在欣赏的过程中，接触许多新观念、新思维和新形式。这些信息发挥更新人们的审美观念、提高审美能力的作用，同时，这些作品一旦被社会、观众的普遍接受，就会产生新的流行内容，带动和促进商业化服装产品的销售，从而获得可观的社会效益和经济效益，有助于促进市场化的服装产品设计的推陈出新。

第三节 服装类型与创意设计

一、高级时装与创意设计

相比较而言，高级时装一般出自著名设计师之手，其中有相当一部分作品具有很强的艺术化表演特征，原创性高，能起到引领时尚潮流的作用（图1-4）。

图1-4　创意高级时装

二、普通成衣与创意设计

对于普通成衣来说，实用性为其主要特征，设计师以成衣设计的理念适当提取高级时装的创意，从这个角度来看，原创性相对来说稍弱。普通成衣设计的变化主要体现在服装的重点部位或细节部位，注重对服装穿着功能性的研究、对时尚流行趋势的研究、对穿着者审美与消费价值取向心理的研究和对现有服装某方面的改进，其创意性主要体现在对小情趣的捕捉和意味的表现上。

三、高级成衣与创意设计

介于高级时装与普通成衣之间的高级成衣，其设计的原创性较高，主要原因在于：占主流地位的世界高级成衣品牌大多作为世界著名服装设计师的二线品牌形式出现，服装创意设计的概念与高级时装几乎同样源自这些有影响力的精英设计师，或源自具有充分实力的优秀设计师（图1-5）。

图1-5　创意高级成衣

第四节　服装创意设计的主要表现方式及特点

一、服装创意设计的主要表现方式

　　服装创意是一个复杂的过程，是一个创造性思维模式和创意手段选择的过程，是一个搜集创意素材资料和运用创意表现手法的过程。在此期间，我们要经过市场调研，了解消费者的需求及流行信息。在服装创意过程中，通常有以下几种表现形式。

1. 主题构思法

　　主题是服装的设计思想，也是设计作品的核心，采用具象或者抽象的素材，如人文艺术、民族文化、环境保护等，在对其进行宽度和深度上的认识达到一定水平的基础上，从不同角度对其进行诠释和发挥，将主题的文化内涵与现代流行时尚相结合，通过设计作品的所有元素组合，如服装造型款式的构成、面料肌理特征、色彩配搭组合、图案的装饰手法等，应用视觉传达手段来体现服装设计主题构思。图1-6就是利用科技主题进行创作的设计作品。

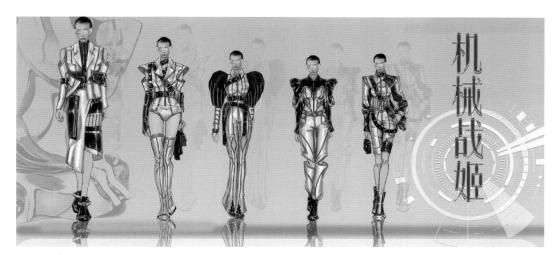

图1-6　主题构思法（设计者：戚琪；指导教师：陈淑聪）

2. 异质同构法

　　由于物质的物理性质不同，其表面的质地也表现出不同的个性，如坚硬、柔软、粗糙、光滑等。对于熟悉的物质，我们能够凭借经验和观察判定物质的表面质感。采用异质同构法，可以打破单一面料的单调乏味感，从而获得意想不到的视觉效果：粗糙与光滑的面料，柔软与硬挺的面料，丝绸、毛、麻、棉等面料组合穿插，可以塑造出丰富的视觉效果。

3. 以点带面法

事先没有一个整体的轮廓和设想，也没有设计的要求和条件，而是从一个局部出发，逐渐扩大到面。如一个新颖的领型、一块独特的面料、一种新颖的装饰手法、一个耐人寻味的色彩配置、一幅精美的图案或某种工艺手法等，以局部带动整体，最后完成一个新的系列设计。

4. 联想法

联想是由人的感官感受到对象与经验记忆的某种联系，是由视觉和听觉引发的加入了记忆中储存的事物，并产生另一种新感觉的思维活动，是由某一事物联想到另一事物的过程。它能突破时空地理上的界限，使人的思维扩大、感受深刻。联想在创意设计过程中起着催化剂的作用。在创意服装设计中，自然界中的任何物象，如人、景色、事件、物品都可以激发设计师的灵感，并运用丰富的想象力和创造性思维，通过联想、组构、类比等艺术手段进行服装设计构思（图1-7）。

5. 解构重组法

服装创意设计采取的一个基本手法就是打破传统的、旧的，甚至经典的模式。"解构"正是打破这一模式的有效方式。

"解构"概念源于马丁·海德格尔（Martin Heidegger）《存在与时间》

图1-7 联想法

中"deconstruction"一词，原意为分解、消解、拆解、揭示。即将原来存在的形式分解为零散的个体部件。这些分解的部件作为独立的元素存在，成为服装设计师创意设计的基本元素。

解构就是将人们熟知的事物有意识地视为陌生，将完整的形体有意识地破坏，从中仔细寻找，发现新的特征或意义；或者将破坏后的事物重新组合成新的东西，获得新的意义。如对服装结构的解构：把传统服装开片重新组合，形成和以往不一样的视觉效果，或对某个部位进行非常规改造；对服装材料的解构：使用与传统面料截然不同的材料来制作服装，如非纺织品、金属、塑料、木头等。

解构重组是设计者在设计构思中必然用到的设计手段，充分了解解构重组所设计的元素，明晰解构重组过程中需要遵循的规律，能够为设计者的设计构思奠定坚实的基础。除此之外，设计者需要具有一定的艺术修养，如善于抓住闪现的灵感，具有想象力、生活的积淀、渊博的知识、艺术理论修养，才能使设计构思中的解构重组更具独特的创意，使艺术设计更符合当下人们的审美需求。

当解构主义在设计界渐渐被熟知，对社会文化和流行导向极为敏感的服装界也悄然发生了变化。解构主义的概念是与结构主义相对的，意味着对结构的破坏与重组。以逆向思维进行服装设计构思，将服装造型的基本构成元素进行拆分组合，形成突出的外形结构特征。其中具有代表性的设计师有川久保玲（图1-8）、薇薇安·韦斯特伍德（Vivienne Westwood）、山本耀司（图1-9）、马丁·马吉拉（Martin Margiela）和瑞克·欧文斯（Rick Owens）等人。解构主义体现在他们的作品上，解构式样的服装反常规、反对称、反完整，超脱时装一切程式和秩序，在形状、色彩和比例的处理上相对自由。

图1-8 解构重组（川久保玲）

图1-9 解构设计（山本耀司）

　　选择一种或几种不同素材，在此基础上拆解或打破原有的素材形态，在某个设计主题中组合变化为一个有机的整体，创造出新的设计形象。采用解构重组法要注意避免刻板机械的设计组合，并不是将所有的素材元素进行堆砌，而是利用素材的精华要素，根据设计主题的需要，巧妙地进行拆解组合，才能产生出奇制胜的设计效果（图1-10）。

图1-10 解构重组法

　　在服装设计中，设计师只有在充分了解结构的前提下，才能分解和破坏。为了"颠覆"，设计中通常会使用荒诞组合、堆砌等各种手段，营造出各种偶然。这时服装会超越传统时装而拥有强烈的艺术气质。

6. 系列法

　　系列法是表达一类产品中具有相同或相似的元素，并以一定的次序和内部关联性构成各自完整而又相互联系的产品或作品的形式。服装是款式、色彩、材料的统一体，三者的协调组合是一种综合运用的关系，包括款式与色彩、款式与材料、色彩与材料三方面的互换运用，如款式、色彩相同，材料不同，或者款式不同，材料、色彩相同等（图1-11）。

图1-11 系列法（设计者：张盈盈；指导教师：陈淑聪）

（1）品类系列

品类系列是指从服装单品的角度进行系列划分，这一系列中的所有服装都是同一品类，这是品牌服装设计中经常使用的系列形式（图1-12）。

图1-12 品类系列

（2）廓型系列

廓型系列是指服装的廓型完全相同或基本相同，以此形成系列的形式。廓型原意是影像、剪影、侧影、轮廓，在服装设计上延伸为外形、外轮廓、廓型等（图1-13）。

图1-13　廓型系列

（3）细节系列

细节系列是指把服装中的某些细节作为系列元素，使之成为系列中的关联性元素来统一系列中多套服装（图1-14）。

图1-14　细节系列

（4）色彩系列

色彩系列是将一种或一组色彩作为服装中的统一元素，可以通过色彩的纯度、明度、冷暖等变化手法取得形式上的变化感，或者通过色彩不同位置的安排、不同面积的大小变化以及服装款式的变化来进行设计（图1-15）。所谓的色彩系列形式，是指根据色彩的纯度、明度、亮度等性质，按不同的层次表现服装的设计，使系列服装的色彩配置和谐统一且富于变化。色彩的选择必须与主题理念相吻合，如金秋系列设计、海洋系列设计、青花瓷系列设计等。在确定主题色调后，还应掌握好色彩的层次性表达，一般一个系列使用的色彩不宜超过4种。另外，还要分配好主体色调和配角色调的比例关系、轻重关系，这样可以使色彩丰富而不失变化。

图1-15 色彩系列

（5）面料系列

面料系列是利用面料的特色通过对比或组合去表现系列感的形式。所谓面料系列形式，是指运用不同材质肌理的对比或组合搭配进行主体表达的设计。科技的不断进步带来了各种新型面料，以材质为重点来体现设计理念已成为系列设计常用的手法和趋势，如针织服装系列、裘皮服装系列、皮革服装系列、牛仔服装系列等。

面料系列设计在强调面料风格时，不能不考虑此种面料的特性与穿着对象的关系，如用纯棉面料设计童装、用化纤面料设计时尚套装；还应考虑面料与服装风格的统一，如可以选择用棉、麻、蕾丝等面料表现田园浪漫风格，用牛仔、皮革等面料表现硬挺、率真的风格（图1-16）。

图1-16　面料系列

（6）工艺系列

工艺系列是指强调服装制作的工艺特色和装饰手法，将其贯穿其间成为系列服装的关联性因素（图1-17）。

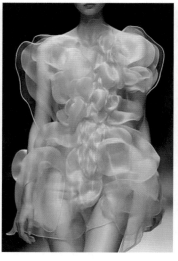

图1-17　工艺系列

（7）图案系列

图案系列是指服装系列的图案成为比较突出的元素，不能仅仅作为点缀（图1-18）。

图1-18 图案系列

（8）配饰系列

配饰系列是指通过与服装风格相配的服饰品来体现变化而形成的系列（图1-19）。

图1-19 配饰系列

（9）结构系列

结构系列是指完全从结构特征上确定系列元素，并以此贯穿系列中的所有服装（图1-20）。

图1-20　结构系列

（10）题材系列

主题是服装设计的主要精神因素，设计的第一步就是主题的设定。有的以自然环境、生态保护为主题，有的以典型建筑、艺术品为主题，有的以流行文化为主题，有的以民族风情为主题等。我们设计时可以参考服装流行趋势，如相关的面料、色彩、造型等，再结合自我创造力及丰富的想象力，设计出符合流行趋势的作品。

题材系列是指从命题或主题的角度进行设计。服装设计的题材既有广泛和具体之分，也有抽象和具象之分。如设计师艾里斯·范·荷本（Iris van Herpen）通过回收海洋塑料，与海洋环保组织Parley for the Oceans、西雅图艺术家凯西·柯伦（Casey Curran）合作，创造了很多如梦似幻的高定礼服，表达了一种对当下海洋脆弱性的反思，呼应了"凝望地球"的主题（图1-21）。

图1-21　题材系列

7. 夸张法

夸张可以强化设计作品的视觉效果。在服装设计中，可以夸张服装造型、色彩、材料、装饰细节等（图1-22）。这是一种常见的设计方法，也是一种化平凡为神奇的设计方法。夸张法常用于服装设计的整体、局部造型，不但可以把本来的状态和特性放大，也可以缩小，从而造成视觉上的强化与弱化。夸张需要一个尺度，这是由设计目的决定的。在趋向极端的夸张设计过程中有无数种形态，选择最合适的状态应用于设计中，是服装设计训练的关键。除造型外，还可以对面料、装饰细节进行夸张，采用重叠、组合、变换、移动、分解等手法，从位置高低、长短、粗细、轻重、厚薄、软硬等多方面进行极限夸张，此法较适合时装表演。自然形态是最富有美感的，但是艺术设计离不开再创造，夸张的表现手法在设计中比较常见。夸张法就是利用素材特点，通过艺术的夸张手法使原有的形态变化，符合设计主题的定位，同时也达到一种形式美的效果。

图1-22 夸张法

8. 逆反法

在现代服装领域中，逆向思维是一种反叛性的思维方法。在艺术设计过程中，逆向思维法以有意识的、科学的、有目的的、强制性的思维方式完成设计，打破了传统习惯模式的禁锢。从批判否定的角度，打开创造性思维的大门，步入新的创造思维空间。服装设计师要从多角度、多方位进行逆向否定的创意设计，延伸自由创意思维的空间，从而使思维变得更加宏观、顺畅、敏捷。逆向思维方法是一种强制性思维手段，可以帮助设计师彻底打破习惯思维、传统的思维模式及知识、经验带来的思维制约，开拓设计师创造力和想象力。

　　逆反法是一种把原有事物放在相反或相对的位置上进行思考，寻求异化或突变结果的设计方法。在现代服装设计中，逆反法可以表现在题材、风格上，也可以表现在观念、形态上，如男装与女装的逆反、前面与后面的逆反、上装与下装的逆反、内衣与外衣的逆反等（图1-23）。使用逆反法不可以生搬硬套，要协调好各设计要素，否则就会使设计显得生硬牵强。如将一条牛仔裤逆反为一件无袖上衣，要顾及衬衣的基本特征，从而做出必要的修改。

图1-23　逆反法

　　逆反法往往能使人们的思维冲破传统观念的束缚，帮助服装设计师另辟蹊径，找到创作构思的新天地。如可可·夏奈尔（Coco Chanel）在战争期间，抛弃了当时珠光宝气的拖沓长裙及繁复琐碎的羽毛和蕾丝花边，以鲜明的个性和对优雅始终如一的执着，推出了板球运动男装风格的新女装款式——针织羊毛运动装，以水手装代替女装长裙，使极度奢华归于平淡和简单。这无疑是一个反常规构思的好例子，她以惊世骇俗的创造力和对女装的敏锐力，引导了当时的女装革命，从而带来了女性观念上的改革。

　　逆向思维是对事物认识不断深化的结果。现在许多设计师打破传统审美观，创作出与常规相违背的设计作品。在服装设计过程中，合理及正确地运用逆向设计思维能使设计更具有创意及个性，冲击人们平常的视觉体验。在设计过程中，逆向思维产生与众不同的视觉效果，赋予服装新的设计含义和用途。

　　随着生活水平的提升，人们对服装各方面的要求越来越高。消费者普遍追求新颖性、高质量、具有艺术美感的服装。因此，服装设计是否具有创新性就显得尤为重要。逆向思维作为一种独特的思维方式，有别于传统的固定思维。它能够使设计师善于发现一些独特的设计灵感，使设计师敢于突破传统，利用生活元素进行创新性设计，从而使服装更具有艺术美感和新颖性。

设计师在服装设计中应该重视培养自己的逆向思维，提高服装设计的创新性。因此，服装设计师要善于观察生活中的一些细小的事物，这样才能够在服装设计中拥有独特的设计元素。另外，逆向思维是一种不同于常理的思维，设计师要敢于在服装设计过程中突破常规，使自己的思维方式有别于其他设计师，这样才能提升服装设计的创新性。

9. 组合法

组合法是指将两种性质、形态、功能不同的服装组合起来，产生新的造型，形成新的服装样式。这种设计方法可以集中二者的优点，避免二者的不足。组合法可将两种不同功能的零部件组合起来，使新的造型具有两种功能，如将领子与围巾结合，成为围巾领。组合法也可以将两种服装整体组合起来，形成新的服装样式，如衬衣与裤装组合成连衣裤。组合法还可以用于不同材质的组合上，如PVC面料与剪绒面料组合成两面穿着的休闲夹克等。

10. 移位法

移位法是将一种事物转化到另外一种事物中使用，以便于更好地解决问题的一种设计方法。它可以使在本领域难以解决的问题，通过向其他领域转移，从而产生新的突破性的结果。在科学技术飞速发展的现代社会，人们的需求越来越多元化，传统的服装品种已经不能满足人们的需求。

移位法就是按照设计意图，将不同风格、品种、功能的服装相互渗透、相互置换，甚至将其他领域的事物导入服装中，从而形成新的服装品种，创造新的流行时尚、消费观念，以满足人们的个性化需求（图1-24）。移位法的功效不在于完成一种具体款式的设计，而是着重于一种新的服装理念的提出，为更新产品结构拓宽设计思路，是带有宏观意味的设计方法。

移位法在服装设计中的主要表现是将不同性质的服装相互碰撞，从而产生新的服装风格（图1-24）。如将正装转移到休闲装，将时装转移到休闲装，转移过程中由于双方所分配的比例不同，会碰撞出很多种可能。此外，还可以进行服装的局部元素转移设计，如将某袖子的造型设计元素应用于领子、口袋设计等。

图1-24　移位法

11. 加减法

在追求奢华的年代，加法设计用得较多（图1-25），在追求简洁的时代，减法设计用得较多（图1-26）。无论是加法还是减法设计，恰当和适度是非常重要的，在利用基本素材的基础上，不过多变化形体，而是运用原有素材的形态进行大小不同的组合。注重素材在设计上的增减，追求素材在设计上的形式美感，在整体的造型表现上能依然清晰地见到原有素材形态的存在。

图1-25　加法设计

图 1-26 减法设计

12. 自然摹仿法

采用摹仿自然形态的手法进行设计在许多表演服装
中常可看见。尤其在主题性极其明确的歌舞剧服饰表现
中比较普遍。自然摹仿法要着重于突出设计的写实性，
它能直接表现出某种素材在服装上的外在形象，拉近人
与素材的距离，烘托出设计主题的气氛（图 1-27）。自然
摹仿的设计要集中体现素材的自然美感，去掉多余的纯
制作意识，使作品自上而下流露出朴实自然的美感。

13. 变异法

图 1-27 自然摹仿法

在改变原有素材形态的基础上，注重服装设计作品
的象征意义。变异并不是刻意强调变形，而是突出素材的内在含义。采用变异方法，可以
借助一幅画、一种颜色、一些线条等，把设计师对物的感受用抽象和象征的手法表现出来。

14. 同形异想法

同形异想法是对由服装外形衍生出的多种色彩、面料结构、配件、装饰、搭配等时装
设计要素进行异想变化。如可以在服装内部进行不同的分割设计，当然需要充分把握好服
装款式的结构特征。线条分割应合理、有序，使之与整体外形协调统一，或在不改变整体
效果的前提下，对有关局部进行改进与处理。这种设计非常适合职业装、男装系列，尤其

在设计构思阶段，这种设计方法可以快速提出多种设计构想。

15. 整体法

整体法是从整体出发逐步推进到局部的设计方法，由整体到局部，再由局部到整体，完成全设计过程，可以从宏观上把握设计效果，要注意各局部造型之间的关系。整体法可以根据风格要求，从造型角度考虑，然后确定服装的内部结构；也可以根据设计主题要求，先确定整体色调或面料，之后深入探讨细部的色彩配置、面料的组合。

16. 局部法

这是一种以点带面的服装设计方法，从服装的某一个局部入手，再对服装整体和其他部位展开设计。日常生活中，要善于发现美的、精致的细节，从而引发设计的灵感，经过一定的改进，用于设计新的服装（图1-28）。

图1-28　局部法

17. 变更法

变更法是通过对已有服装的形、色、质及其他组合形式进行有选择的改变，形成新的设计方法。采用变更法进行设计，易产生别出心裁、富有创意的设计，在成衣设计中，有时往往只需要改变某一因素便可成为畅销的产品。

18. 追寻法

追寻法是以某一原型为基础，追踪寻找所有相关事物进行筛选整理，当一种新的造型被设计出来后，应该顺着原来的设计思路，把相关的造型尽可能多地开发出来，然后从中选择一个最佳方案，这种设计方法适合大量快速的设计。

19. 限定法

限定法就是围绕某一目标在某些要素限定的情况下进行设计的方法，在服装设计中有价格限定、用途功能的限定、尺寸的限定、设计要素的限定，也有色彩、材料（图1-29）、结构、辅料、工艺（图1-30）、造型（图1-31）上的限定。

图1-29 限定法（材料限定）

图1-30 限定法（工艺限定）

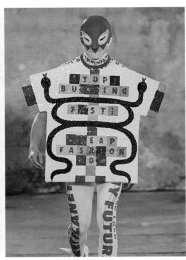

图1-31 限定法（造型限定）

二、服装创意设计的特点

　　服装创意设计具有极大的超前性，强调新奇，包括造型中的新形态、新结构，穿着形式中的新搭配、新方法，材料中的新处理、新组合，色彩中的新效果、新变化等，可以直观感受的外在内容，也包括在服装新形式中体现出来的新思想、新观念、新主张和新思路。

　　当然，我们应该认识到，所谓"新"与"旧"，并不是绝对的，而是一个相对的概念。从旧服装中受到启迪，产生新的服装，就是由"旧"向"新"的转化。淡化服装的实用性功能，强调概念性、艺术性、试验性、标新立异的艺术与风格。不以穿着为目的，而是以服装为媒介的艺术活动，包括试验性的服装、博物馆收藏的具有典型时代意义的服装等。

　　创意服装与国际流行趋势、文化倾向和艺术流派有着较为密切的联系，且常常预示着服装流行的主题方向，创意服装的这种特征决定了其设计的超前性和时尚性。因此，创意服装的造型往往带有较强的艺术审美价值和艺术感召力（图1-32）。这一方面需要设计师用合理的表现形式去构建作品的情景或者趣味，以达到吸引和感染观众的目的。另一方面，要求设计师站在更高的层面，与普通欣赏者的审美经验拉开距离，去表达自己独特的审美理念，唤起和提升普通欣赏者的审美欲求和审美层次。

　　创意服装常常代表着某一时段内服装文化潮流和服装造型的整体倾向，预示着更新的服装流行趋势。通过这些设计作品，不仅能充分表达出设计师的审美意识，在审美情趣上为人们带来艺术享受，还能在着装观念上给予人们新的启示，在生活方式上为人们提供新的选择，起到引导国际服装市场和人们的穿着方式的作用，因此具有导向性。

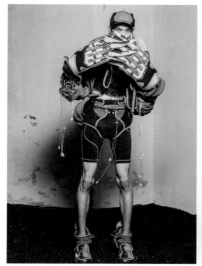

图1-32 创意服装

第五节 服装创意设计的主要手法

设计思维的重点在于创造性设计思维。对于创造性设计思维而言，创新又是其本质要求。设计与创新密不可分，设计思维是实现设计创新的有效途径。创造学是随着社会生产力的发展而兴起的一门以人类创造活动、创造过程、创造成果、创造环境、创造者人格、创造力以及实践经验等为研究对象的学科。

创造是人类劳动中最高级、最活跃、最复杂和最有意义的一种实践活动，是在人类追求新的有价值的功能系统中至关重要的因素之一。创造可以发展生产力，推动社会进步，改善人类的生活环境、劳动环境，由此可以认为创造是人类最宝贵的财富。所以说创新是设计思维的灵魂与核心。

一、"混搭设计"的创意手法

混搭就是混合搭配的意思，是Mix and Match的意译，它包含"混合"与"搭配"两个动词的意义，从字面上理解，就是把看似迥然相异的东西合在一起进行"匹配"，即将传统上由于地理条件、文化背景、风格、质地、价格等不同而互不融合的元素进行搭配，组成有个性特征的新组合体。

"混搭"的流行最早源于时装界，意思是把风格、质地、色彩差异很大的衣服搭配在一起，从而产生一种与众不同的视觉效果。混搭的特点就是不要规规矩矩，但绝不等同于毫无章法的胡乱搭配。将不同风格、材质、价格的东西按照个人喜好拼凑在一起，从而混合搭配出完全个性化的风格（图1-33）。

"混搭"的魅力在于它的随意性和自主性，以及所产生的个性化效果。它打破了传统着装的单一性和固定性，使着装成为一种自由自在的、个性化的体验方式。"混搭"的这种特性迎合了当下多元化、个性化的时代潮流，混搭风席卷各个领域，这是后现代主义时装设计常用的一本基本创新手法，并以其独特的魅力征服人们。

在服装混搭中，常见皮草搭配薄纱、晚装搭配牛仔、男装混搭女装、朋克铁钉搭配洛丽塔长裙、呢子大衣或羽绒服混搭凉鞋等基本组合，混搭注意搭配的层次感和节奏感（图1-34）。

图1-33 不同风格混搭　　　　　　　　图1-34 软硬材质混搭

严格来说，混搭是一种源自消费者自由搭配服装的时尚风潮，并非服装品牌首推的设计风格。然而，为了迎合市场需求，一些品牌乐此不疲地参与其中，特别是一些以"快时尚"为己任的品牌。

服装混搭风格特点：混搭不是折中主义，其基础是和谐、平衡，但是绝对不是平均分配，也不会是无原则的调和。这样看来，在并行的发展道路上，折中主义的发展为混搭提供了前车之鉴，混搭可以说是折中主义的进化版本，它摒弃了折中主义的虚弱和无规则性，通过自己的独特手法打造出了调和创造性。

现代主义与"混搭"有着不可分割的联系。仅仅从后现代主义的第二大特征来看，后现代的搬演、拼贴、混杂、组合、反讽，在形式上与混搭的某些方面不谋而合，为混搭提供了不少可借鉴的设计方法，这从某些程度上可视为混搭的历史前身。

二、"讲故事"的创意手法

创意是服装设计的灵魂，而讲故事是让服装创意设计施展无限魅力的有效表现方式。通常，此种创意手法是紧紧围绕创意设计主题进行的，将设计渲染成一个动人的故事，向人们娓娓道来。色彩、面料、款式造型不再是一个孤立的个体，不再是单纯的服装，而是各要素紧密结合，多层次讲述能引起人们向往的故事，从而打动消费者。除了营造打动人的故事意境，还要注意选择有故事内容的素材，带有典型内在意涵和象征意义的东西。

三、体验式的创意手法

体验式的创意手法的主要表现是注重顾客的理性需求，并强调其作为一个"人"的感性要求而进行设计。充分考虑顾客的个体生活方式及更广泛的社会关系，从感知、感觉、思维、行动等方面触动顾客的感受，引发顾客对品牌行为上的投入，培养顾客对品牌的忠诚度。

三叶草天使之翼是阿迪达斯（Adidas）邀请著名时装设计师杰瑞米·斯科特（Jeremy Scott）操刀设计的阿迪达斯三叶草限量款单品。该系列单品面市于2009年，因对称的天使翅膀而被粉丝称为"天使之翼"（图1-35）。设计师将运动鞋左右两侧穿带部位设计成天使翅膀，配以炫亮的色彩等，充分体现了现代青少年的动漫情结与追求时尚、"炫""酷"、彰显个性的内在需求。

图1-35 体验式创意

四、情感化的创意手法

　　情感是人对外界事物作用于自身时的一种生理反应，是由需要和期望决定的。当这种需要和期望得到满足时，会产生愉快、喜爱的情感，反之则会苦恼、厌恶。

　　情感化设计是创意的工具，指以人性化的理念从事产品设计，努力将人的情感要素植入设计中，使设计作品与人之间具有很好的亲和力，形成稳固的情感纽带，在满足实用的基础上满足情感上的需求（图1-36）。

图1-36　情感化创意

　　总之，服装设计方法是指结合服装设计要求，按设计规律完成的设计手段，我们既可以将这些方法进行单项的理解和训练，又可以将这些方法综合起来运用。服装设计是一种创造，它通过对构成服装的众多要素进行变化重组，使其具有崭新的符合审美要求的面貌，从而完成服装新款式的创造。

第六节　服装创意设计的构思过程

一、服装创意途径的准备阶段

　　服装设计师一般需要先有一个构思和设想，然后收集资料，确定设计方案（图1-37）。设计方案主要包含服装整体风格、主题、造型、色彩、服饰品的配套设计等。同时对服装的内部结构设计、外轮廓设计、尺寸确定以及具体的裁剪缝制和加工工艺等都需要考虑到位，以确保最终的设计能够转化落地。

图1-37 流行信息的搜集、整合

根据设计主题，针对性搜集一些设计素材和流行趋势信息，然后在观察和感受的基础上，对原始素材进行初步的分析、研究和想象，同时提出多种设计方案。

二、服装创意途径的孕育阶段

服装设计构思是一个十分活跃的思维活动，通常要经过一段时间的思想酝酿才能逐渐形成，也可能由于某一方面的触发激起灵感而突然产生。设计师对最初的设想与意图进行全面的分析与比较，从优选择最理想的设计方案，并进一步具体地酝酿和孕育，使设计的形象进一步明确化、具体化。这个阶段的设计思维具有定向性和目的性。

三、创意类服装的灵感来源和艺术表达

　　自然界的花草虫鱼、高山流水、历史古迹，文艺领域的绘画、雕塑、舞蹈、音乐以及民族风情等社会活动中的一切都可以是设计师无穷无尽的灵感来源。大千世界为服装设计构思提供了无限宽广的素材，设计师可以从过去、现在到将来的各个方面挖掘设计题材。在构思过程中，设计师可以通过勾勒服装草图表达思维。

　　绘制服装设计效果图是表达设计构思的重要手段，因此服装设计师需要有良好的美术基础并掌握一定的电脑绘画能力。服装设计中的绘画形成有两类：一类是服装画，属于商业绘画，用于广告宣传，强调绘画技巧，需要突出整体的艺术气氛和视觉效果。另一类是服装效果图，用于表达服装艺术构思和工艺构思的效果与要求，强调设计的新意，注重服装着装的具体形态以及细节描写，以便在制作中准确把握，保证成衣在艺术和工艺上都能完美地体现设计意图。

　　服装设计图的内容包括服装效果图、平面款式图以及设计说明。其中服装效果图一般采用8头身比例的体形。模特姿势采用最利于表达设计构思和穿着效果的角度和动态标准。平面款式图需要比例正确，工艺表达清晰明了，结构合理，线条流畅整洁。设计说明可以包含设计意图、主题、工艺制作要点、面辅料以及配件信息。

四、创意类服装的系列设计

1. 确定系列主题和风格

　　系列设计首先要确定服装的主题或风格，其他设计元素必须在该主题或风格的控制之下进行。

2. 选定系列形式

　　确定是以品类、工艺、面料还是用色彩或者其他形式组成系列（图1-38）。

3. 确定品类和品质

　　确定服装的品种和档次，使设计方向更明确。

图1-38 系列设计

练习题:

1. 请用联想法进行系列服装设计(5套),要求款式新颖,符合形式美法则。

2. 运用限定法进行系列服装设计(工艺限定、造型限定等,5套)。

第二章
创意服装设计思维与灵感来源

本章知识点：

1. 创意服装常用的设计思维的特点及其运用

2. 创意服装的灵感概念及来源

第一节　创意服装的设计思维

　　创意思维是以新颖的方式解决问题的思维过程。思维是创意之母，创意是思维的花朵与果实，创作阶段的核心是思维过程，其中包括对设计主题的理解，对艺术形式的探索，对色彩及材料的运用等。灵活巧妙的设计思维往往能使服装设计作品的品质得到升华。服装设计是艺术与技术相结合的产物，要善于运用多方位思维方式。

　　思维是人脑对客观事物本质属性和内在联系的概括和间接反映，以新颖独特的思维活动揭示客观事物本质及内在联系，并指引人们获得对问题的新解释，从而产生前所未有的思维成果称为创意思维，也称为创造性思维。它给人们带来新的具有社会意义的成果，是一个人的智力水平高度发展的产物。创意思维与创造性活动相关联，是多种思维活动的统一，发散思维和灵感在其中起重要作用。创意思维一般经历准备期、酝酿期、豁朗期和验证期四个阶段。以下介绍几种主要的创意思维模型。

一、常规设计思维

　　常规设计思维又称正向思维，是人们习惯的一种思维方式，这种方式是直接发现问题，根据问题的焦点，从正面甚至表面直接寻找解决问题的办法。常规思维是指人们根据已有的知识经验，按现成的方案和程序直接解决问题。常规思维的特征是："经常按某一规律等从事相关的活动而产生的主观能动性，影响甚至决定之后从事的其他相关活动。"运用常规设计思维设计的服装通常中规中矩（图2-1）。

二、逆向设计思维

　　逆向设计思维又称为反向思维，就是按照人们习惯的思路走向，进行逆向思考，设想一些出乎人们意料的新方案的思维方式。敢于挑战权威，敢于违背常规，敢于让思维向对立面的研究方向不断发展，从问题的反面深入地进行分析探索。当人们已经习惯了用固定的思维方式进行创作设计时，逆向思维抛去一切传统常规，从零开始创新创造。

图2-1 常规设计思维

逆向思维是对人类墨守成规的事物和认知习惯的基本重构，是对现有设计产品的批判和改良，实现了质的突破。在设计过程中，看似问题难以得到很好的解决，却能通过逆向思维轻松破解。在设计的创意点上，逆向思维会使观点及设计标新立异，从别人没想到或从没注意到的地方找到设计思路或者设计灵感，取得出人意料的成果（图2-2）。逆向思维还有利于设计师从多种设计方案中筛选出最佳的设计创意和设计方法。在设计过程中经常运用逆向思维，能够很轻易地将复杂问题简单化，自然而然地使设计周期缩短，并且设计成果得到质的飞跃。

性别逆向

层次逆向

工艺细节逆向

穿戴形式逆向（内衣外穿）

图2-2 逆向设计思维

三、联想设计思维

联想思维是指将表面上各不相关的两个事物建立起相关联的形象联想，探索两个事物及多个事物之间共同或类似存在的规律，从局部形态、内容逻辑、情感反映上入手，从而产生创新语意与可视化形态。联想设计思维是指由某一事物联想到另一事物的思维方法，联想能使设计者在更广阔的范围内创造新的艺术形象。联想能帮助设计师从别的事物中得到启发，从而拓宽设计思路，促进设计思维的发展。联想能迅速把人们头脑深处埋藏着的大量知识、经验、情报、信息和记忆唤醒并聚集起来，像织网一样织在一起。

世界上的万事万物都存在客观上的某些内在联系和主观认识上的某种关联性。当我们思考一个问题或者接触某一事物的时候，忽然会从这一问题、这一事物的某一点迅速与另一问题、另一事物的相似点或相反点自然而然地联系起来，这就是联想。由此看来，除人脑及其机能是联想的生理基础和物质条件外，事物之间的关联性就是联想产生的客观因素。

总之，想象力是艺术创作人才进行创意设计时最基本、最重要的一种思维方式，也是评价艺术工作者素质及能力的要素之一。想象力是在事物之间寻找关系，就是寻求、发现、评价、组合事物之间的相互关系。更进一步地讲，想象力就是如何以有关的、可信的、品调高的方式，在以前无关的事物之间建立一种新的、有意义的关系。这种思维方式就是在根本没有联系的事物之间找到相似之处。可以说，具有联想思维能力的人有着敏锐深邃的洞察力，能在复杂的表面事物中抓住本质特征去联想，能从不相似处察觉到相似，然后进行逻辑联系，把风马牛不相及的事物联系在一起。

联想思维可分为相似联想、相近联想、对比联想、因果联想、强制联想五大类。相似联想又称为同一联想或接近联想，是指将有相同处境的人、事物、社会现象、物理原理、化学原理进行关联，寻求甲与乙的同质点、相近点和相似点。就好比看见了冰块就会想到冰雕、冰灯。相近联想又称为类比联想或比较联想，它主要从事物的形状、功能、结构与性质等某一方面或某几个方面进行联想，主要特征是在不同质的两个物体之间进行由此及彼的类比推移。对比联想又称为相反联想或矛盾联想，主要是从事物的相反特征进行联想，或者从相互对立的某种差异之处进行联想，如冰川与火焰、黑与白，往往事物间较大的差异更容易构成鲜明的对比，可以巧妙利用这种矛盾关系，把主导性信息过渡到另一边，从而开拓一条全新的思路。因果联想是指客观世界中的各种现象相互依存，事物之间都存在某种联系和制约，由此构成了它们之间的因果关系。通俗地讲，两个事物本身就存在一定的因果关系，从而启发主观者的联想。往往这种联想是双向的，既可以由起因想到结果，也可以由结果倒逼推出起因；因与果一旦建立有机的联系与融合，创意灵感即由此产生。在平面广告设计中，设计者常常借用这种因果关系暗示产品的功效来满足消费者的需求，把产品的特性与消费者的需求相结合。而且由因果关系还会产生一因多果、多因一果的现象，其联想结果往往都是出人意料之外，又在情理之中的。因果联想组合为创意灵感提供了自由思维的舞台。强制联想也称为超序联想，把乍看起来无法联系到一起的事物强行糅合在一起，以求找到新奇的转换方法与机遇，往往会获得意想不到的视觉可视化形态（图2-3）。

图2-3 联想设计思维

四、无理设计思维

无理设计思维就是要故意打破思维的合理性而进行一些不太合理的思考，然后在这些不合理的思考中寻找灵感，发现突破口。无理思维将许多设计元素超常规地进行组合创新，改变事物原有的状态，创新意识鲜明。反常态的视觉印象和设计趣味使受众面相对狭小，适用范围有限（图2-4）。

图2-4　无理设计思维

五、发散设计思维

发散思维又称为辐射思维、放射思维、多向思维或求异思维，是指从一个目标出发，沿着不同的途径去思考，探求各种答案的思维。发散思维与辐合思维相对，不少心理学家认为，发散思维是创造性思维的主要特点，是测定创造力的主要标志之一。发散思维是指人们在设计过程中，围绕一个问题，从不同方向多角度、多层次地思考。对于服装设计来说，发散思维更体现在形象思维及艺术化想象上。发散思维对于服装设计创作的重要性不言而喻。

发散思维是创意思维的基础成分之一，它不受人类思维活动中任何条框的限制，以所要解决的问题为中心，通过想象、探索、推测等手段由一点向四面八方展开，不断提出问题解决方案，最终实现突破原有领域的目标。发散思维是一种具有探索性质的思维方式，而且是服装设计过程中创意思维的典型方式之一，在创意思维开始时，它一般起着主导作用。

发散思维与设计者的灵感、想象力密切相关，是一种开放性的思维，而辐合思维则与设计者的审美能力、设计能力及设计语言的表达能力密切相关。二者是内在统一的，只有将二者有效结合才能制订出更好的设计方案。

六、收敛设计思维

收敛思维又称为聚合思维、求同思维、辐集思维或集中思维。其特点是在已知范围内借助发散思维找出多个设计点，然后深入构思并找到切入点。收敛思维主要用于设计中、后期，使思维始终集中于同一方向，变得条理化、简明化、逻辑化、规律化。收敛思维与发散思维如同"一个钱币的两面"，是对立的统一，具有互补性，二者均不可忽视。

收敛思维具有求同性、集中性、有序性等特点。人的大脑像一块"调色板"，当外界输入的各类信息经过调色处理后，就可以构成一幅色彩鲜艳的图画。设计思维的调色笔是设计实践的目的、设计价值的取向以及设计知识技能的储备等，三者均对收敛思维产生较大的影响。

收敛思维就是一支信息综合的调色笔，它能准确地把握设计的价值取向和设计实践的目的，调动并充分运用设计技能储备，深刻地完成推理性逻辑思维活动。

七、创造设计思维

创造性思维是一种打破常规、开拓创新的思维形式，突破是设计创造性思维的核心和实质。设计思维所解决的问题是创造新的、前所未有的东西或形式，解决前人没有解决过的新问题。重新组织已有的知识经验，提出新的方案或程序，并创造出新的思维成果的思维方式，是人类思维的高级形式。

创造性设计思维，是一种凸显人类新思维和影响人们生活及社会发展的实际体现；是一种突破常规的思维动势，去打破旧的或固有的精神桎梏并创造出许多令人惊叹的、奇思妙想的设计作品，为人类的生活和行为所用。同时，创造性设计思维更是依附于人类的生活、行为、需求、理想而形成的一种具有导向性、前瞻性和实用性的思维体系，它以视觉的形式呈现出来，又以视觉设计的方式传达出新思维的具体内涵，从而使视觉设计更直接准确地表达人们的各种欲望和思想。

设计的过程是一个探索的过程，探索本身就充满了思考与创造因素。因此设计的创造性思维是一个既有量变又有质变，既从内容到形式又从形式到内容的多阶段、创造性的思维活动过程。创造性思维具有科学性、实践性、探索性、独创性的特征。

八、灵感设计思维

所谓灵感思维，即长期思考的问题受到某些事物的启发后，忽然得到解决的心理过程。灵感是人脑的机能，是人对客观现实的反映。灵感思维本质上就是一种潜意识与显意识之间相互作用、相互贯通的理性思维认识的整体创造过程。灵感设计思维是由灵感引发创作冲动而进行设计。灵感设计思维有两种表现形式，即从抽象到具象和从具象到抽象。灵感思维作为高级复杂的创造性思维理性活动形式，它不是一种简单逻辑或非逻辑的单向思维活动，而是逻辑性和非逻辑性相统一的理性思维过程。灵感与创新可以说是休戚相关的。灵感不是神秘莫测的，也不是心血来潮的，而是人在思维过程中带有突发性的思维形式长期积累、艰苦探索的一种必然性和偶然性的统一，灵感设计思维示例如图2-5所示。

图2-5　灵感设计思维

第二节 创意服装的灵感来源

一、灵感的概念

灵感是指在人类的潜意识里酝酿的东西在头脑中突然闪现，灵感是偶然产生的，具有突发性、短暂性、增量性和专注性的特点，是因某种偶然因素或潜意识信息启发而得到的突然顿悟的心理状态。

设计灵感是设计师在进行艺术设计过程中头脑中突然出现的灵感，它具有独创性、短暂性、多解性和偶然性。

灵感是一种富于魅力的思维，一种突发性的心理现象，是其他心理因素协调活动中涌现出的最佳心理状态。处于灵敏状态中的创造性思维，反映出人们注意力的高度集中，想象力骤然活跃，思维特别敏锐和情绪异常激昂。在这种情况下，往往就会出现灵感，创意也就随之产生，许多创意都源于灵感。

灵感是若隐若现的，是一种非理性的思维，有时悄然而至，有时可望而不可求。费尔巴哈（Feuerbach）说："热情和灵感是不为意志所左右的，是不由钟点来调节的，是不会依照预定的日子和钟点迸发出来的。"灵感具有突发性、跳跃性、不稳定性、偶然性等特征，灵感来无影、去无踪，但是这并不意味着灵感是不可捉摸的、无从把握的。很多成功的创意事例表明，灵感的产生或出现，都是成功者对需要解决的问题执着思索和追求的结果。

捕捉灵感是每一位设计师一生追求的目标。车尔尼雪夫斯基说："灵感，是一个不喜欢拜访懒汉的客人。"因此，要把握住时机，捕捉住灵感，就要在灵感出现时，及时地捕捉记录下来，以防其转瞬即逝，再也无法捕捉到。

生活中不缺美的东西，而缺乏发现美的能力。这种能力对于服装设计师而言极为重要。这种能力即是灵感，它需要设计师长年累月的实践积累及受外界因素的激发时突然出现的创作契机，而这种契机具有偶发性。

同时，灵感也是最直接、最能展示设计师天赋和专业素养的重要因素，但是灵感产生、悟性的采集和实际应用仅仅依靠这种天赋仍无法实现突破，设计师还应具备深厚的生活经历和较高的艺术修养及特定的社会生活环境体验和社会实践。由此来看，灵感获取脱离不了生活和社会活动，设计师应从生活中积累灵感素材。

二、灵感来自生活素材

艺术的构思源于生活，生活中存在的任何事物都可能成为设计素材。日常生活中的素材包罗万象，能够触动灵感的事物无处不在。现实社会的绚丽多姿给我们以美的享受，更给予我们创作的灵感来源，生活中的任何一件事物、任何一种感受都可以成为设计师的创作灵感源泉。无论是旅游观光、娱乐、观摩新潮服装或建筑，还是身边发生的事，都可以诱发设计灵感。生活中物体的形状、体积、质感、气味等都是很好的灵感来源，可以根据身边的事物诱发出新的设计。生活中常见的美都会给我们不一样的体验感受，我们在享受日常生活时，要时刻注意生活中的点滴美，让它们成为我们设计的动力和源泉。设计师只有热爱生活、观察生活，才能捕捉生活中的灵感闪光点，通过设计表达转化为创意服装（图2-6）。

图2-6　灵感来自生活素材

三、灵感来自大自然素材

自然元素，顾名思义是将大自然看成一个整体，而自然元素就是大自然的组成部分。在自然界中，无论人们肉眼对此元素能否进行识别，只要不是由人类主观意识生成和创造的产物，都可以归结为自然元素，如自然界中的花草树木、山川河流、微量元素、细胞、病菌等。另外，还包括一些不可视元素，就是那些用肉眼不能直接观察到的元素，如风、大气或者某些暗物质等。

回归自然和生态仿生学是国际时装界的设计思潮，对大自然的崇拜和眷恋，通过模仿自然物态（植物、动物、山川湖泊、四季等）和自然色彩的双重塑造，来表达设计师对自然界的无限热爱之情。自然生态变化万千，千姿百态，蕴含万物，如山川、悬崖、天空、动物、昆虫、人物、植物、海洋生物等一切自然景物都可以借鉴学习，它们是设计师灵感来源的重要途径（图2-7~图2-10）。

图2-7 自然现象元素

图2-8 植物元素

图2-9　海洋生物元素

图2-10　动物元素

自然界中的任何存在都可能激发人的思维，使人从中捕捉到灵感。例如，西方盛行的燕尾服正是对燕子尾部进行模仿而设计出来的。像蝙蝠袖、荷叶袖、马蹄袖等都是源于自然界的造型，设计师对之进行了巧妙的转化。服装面料中的仿豹纹、蛇纹等的灵感都来自自然界。自然形态经过人类有意识的思考、提取、重组、再创造，将呈现出具有当代性的形态设计，力求用形态体现某一时期的某种思想、理念、文化，并具有历史的延续性。

总之，大自然是人类创作活动中永远取之不尽、用之不竭的源泉，对自然中的色彩及风格元素的创作和运用是服装界永恒的设计思潮，更是人类返璞归真的心理展现。自然素材历来是服装设计的重要素材库，来自大自然的色彩、造型和材料都被广泛地运用到各类服饰设计中。

四、灵感来自民族文化素材

民族文化，是某一民族在长期共同生产生活实践中产生和创造出来的，能够体现本民族特点的物质和精神财富总和。民族文化反映了该民族历史发展的水平。

在本民族与世界各民族之间，都有着各自不同的文化背景，无论是服装样式、宗教观念、审美观念、文化艺术、风俗习惯等都具有本民族不同的个性。民族文化使国家之间、地区之间和民族之间产生了特色与个性。对丰富的民族文化具有深刻的了解，可以使设计师拥有源源不断的灵感。传统文化中有许多素材值得我们去借鉴，不应局限于对传统服饰的学习，设计师应该从多角度广泛吸取传统文化，从诗歌、绘画、雕塑、建筑、戏剧以及其他艺术门类中吸取营养，提取精华元素。

在学习借鉴民族文化的同时，不是简单地模仿某一个民族的服饰，照搬图案或者修改传统的款式使之成为具有民族性的服装，而是强调本民族的文化内涵、民族性的灵魂和精神，并将现代艺术思想、流行时尚融入传统素材，用独特的艺术语言和表现形式来体现。时装界的新古典主义与复古设计理念，就是设计师对传统文化进行新的解析。如图2-11所示乔治·阿玛尼的设计作品，就是利用中国传统服饰旗袍元素进行的现代诠释，服装整体性感又不失东方神秘风情。

图2-11 中国传统服饰旗袍元素

历史文化中有许多值得借鉴的事物，如炫美的壁画、大气的青铜方鼎、清秀的青花瓷韵、浑朴的书法、优美的国画等。在前人积累的文化遗产和审美趣味中，可以提取精华，使之变成设计服装的灵感来源。

民族文化是服装设计师灵感及创意思维的重要源泉，不同宗教、风俗习惯、文化艺术都有着不同的个性特征，都可以成为设计师创作的灵感源泉。例如，"东北虎"打造的就是中国奢侈品牌服装，在设计中常常运用旗袍、唐装、汉服、折扇、书法、刺绣等民族文化元素，每次发布会都蕴含中国民族文化；"天意·梁子"发布的作品中，很多都是采用中国传统桑蚕丝面料，借鉴中国书法艺术、刺绣等设计元素体现本民族的形式美和神韵美；"玫瑰坊"郭培的设计常常借鉴中国宫廷服饰造型、青花瓷、吉祥图案、刺绣等民族文化元素，在运用刺绣时强调色彩的配色、过渡、分割与合成等方面，而吉祥图案元素可以较自由地运用解构、移位、变形等方法进行设计重组，形成新的独特效果。在运用民族文化元素时，必须从整体出发，考虑服装的款式、材料、色彩及服饰配件，包括化妆都要形成统一。从现代的审美情趣出发，把民族文化与时尚相融合，对这些设计作品的元素符号进行视觉设计的表达，展示东方的生活美学。

民族的才是世界的。民族元素体现着传统民族文化的精神内涵，将民族元素运用于服装时尚设计，使民族元素既能传递传统民族文化内涵，又能传递时尚信息。例如，约翰·加利亚诺善于挖掘各民族的优秀文化素材进行设计创作，如折纸元素（图2-12）、青花瓷元素

图2-12　折纸元素

（图2-13）、印度传统文化元素（图2-14）等都塑造了各类经典的服装造型。

图2-13　青花瓷元素

图2-14　印度传统文化元素

　　民族元素不是对民族传统文化的模仿，而是对民族文化精神、心理、审美、习俗、风尚等的深入发掘，是对中国传统文化的升华与创造（图2-15～图2-17）。我们应当客观地看待民族文化和西方时尚文化，将产业效益的提升与弘扬中华民族服饰文化的目的同步进行。运用现代化设计原理，使民族元素与中国风格的服装成为国际服饰时尚的主流趋势之一，在国际上与西方风格的服装设计比翼齐飞。

图2-15　中国风格服装

图2-16　民俗艺术与服装艺术

图2-17　民族服饰与时尚服饰

五、灵感来自姐妹艺术素材

各类艺术之间有很多触类旁通之处，如绘画、雕塑、摄影、音乐、舞蹈、戏剧、电影、诗歌、文学等姐妹艺术在很多方面都是相通的，不同的艺术形式都可以成为服装设计很好的灵感来源。因此，设计师在设计服装时不可避免地会与其他艺术形式融会贯通。姐妹艺术与服装的流行和发展有不解之缘，服装也被称为"凝固的音乐""流动的建筑""绚丽的绘画""变幻的电影"等。在高级手工时装会中以及著名时装设计师的作品中，借鉴多种艺术形式而设计的力作屡见不鲜。例如，伊夫·圣·洛朗（Yves Saint Laurent）将蒙德里安的红

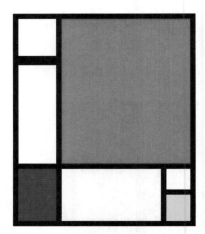

图2-18　蒙德里安红黄蓝画作

黄蓝画作运用到自己的服装设计中，创作出经典的蒙德里安风格时装（图2-18、图2-19）。如奇安弗兰科·费雷（Gianfranco Ferre）是学建筑出身，对他来说，流行的服装和美丽的建筑本质上是相同的，他被誉为"服装界的天才建筑师"。

现实中的各类姐妹艺术都是服装设计师的灵感来源，通过艺术加工和改造成为提升服装艺术感的必要元素（图2-20~图2-25）。

图2-19　伊夫·圣·洛朗的蒙德里安风格时装

图2-20　油漆涂鸦

图2-21　彩铅手绘

图2-22 影视作品图案的运用　　　　图2-23 画框元素的运用

图2-24 雕塑元素的运用　　　　图2-25 建筑式廓型

六、灵感来自社会动向素材

　　服装是社会生活的一面镜子，也是时代文化模式中的社会活动的一种表现形式，它的设计及其风貌反映了一定历史时期的社会文化动态。人生活在现实社会环境之中，每一次的社会变化、社会变革都会给人们留下深刻的印象。社会文化新思潮、社会运动新动向、体育运用、流行新时尚及大型节日、庆典活动等，都会在不同程度上传递一种时尚信息，影响到各行各业的人们，同时为设计师提供创作灵感，敏感的设计师能迅速捕捉这种新思潮、新动向、新观念、新时尚的变化，并推出符合时代流行的服装。

　　任何社会动向中的服装与文化的变化都是同步的。如在过去一年里，元宇宙概念在中国市场爆发，虚拟产业市场规模持续增长，并进入了快速发展阶段。数字时装秀、虚拟品牌官、虚拟牛仔和元宇宙联名系列等成功吸引了精通数码科技的消费者，"时尚元宇宙"的

虚拟舞台给牛仔行业带来了诸多可能性。元宇宙的出现带给了时尚更多可能性，各大品牌通过虚拟人展示、数字主播、打造线上虚拟展示空间等形式快速参与到元宇宙话题中，给数字爱好类消费者带来了又酷又潮的品牌体验感（图2-26、图2-27）。

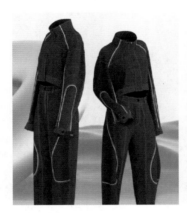

图2-26　AILOT虚拟实验室
SS23牛仔系列

图2-27　虚拟人

　　在艺术家池内启人的展览中，超载的赛博朋克面具、笨重的外骨骼和其他想象中的可穿戴技术特色，混合了多种流行文化（图2-28）。这位艺术家利用他童年时代的流行文化元素——星球大战和高达等，来激发他的创作灵感以及模型制作。

　　此外，环境保护已经成为人类共同关注的话题，热爱大自然、热爱生命、热爱生活环境。服装界也刮起了一股绿色的环保风，设计师以服装为载体，传递保护环境的社会责任感（图2-29）。

图2-28　池内启人作品

图2-29　环保风服装

七、灵感来自高科技素材

科技的进步推动了社会的发展和经济的腾飞，改变了人们的生活方式。高科技、网络信息化、宇宙探索、基因工程、AI技术等科学技术的飞速发展，带动了开发新型纺织品材料和加工技术的应用，开阔了设计师的思路，也给服装设计带来了无限的创意空间及全新的设计理念。高科技面料的开发与应用为服装设计提供了崭新的、前卫的、时尚的、特色化及功能性的材料，是当代服装创新设计的重要介质（图2-30～图2-32）。

科技成果激发设计灵感主要表现在以下两个方面。

其一，利用服装的形式表现科技成果，即以科技成果为题材，反映当代社会的进步（图2-33）。

其二，利用科技成果设计相应的服装，尤其是利用新颖的高科技服装面料和加工技术打开新的设计思路（图2-34）。

八、灵感来自时空素材

在对过去、现在、未来的思考中所有想到的与时空延续有关的东西都会成为服装设计的灵感来源。

图2-30 塑料质感材料　　图2-31 环保科技材料

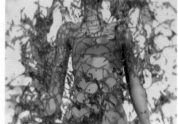

图2-32 海洋科技材料

图2-33 高科技材质

图2-34　3D打印技术

宇宙作为时空的连续系统，包含所有物质能量和状态，所以我们会将空间和时间联系在一起进行思考，并逐渐形成宇宙观和价值观，也让每个人对时空都有感知力，具备时空感。只是个体对时空的感知力有强弱的不同，作为客体的时空和作为主体的自然生物（包括人类）的深度融合是一种基本潜意识，更成为一种基本能力。

　　时空并不是简单的物理概念，在设计时空感中，设计需要有节奏，需要有"空白点"，需要有技巧性地"远离"作品。通过设立"空白点"去营造更为抽象的画面和作品空间，通过"远离"作品去环绕这个模糊未成形的作品的四周，同步设定好作品的隐性线条和显性线条，去"真实地想象东西"，去表达受众潜意识中的"存在"而"又不存在"（图2-35）。

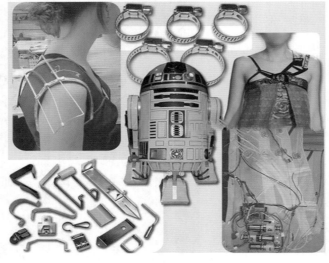

图2-35　时空素材

九、灵感来自民间艺术素材

　　广义上说，民间艺术是劳动者为满足自己的生活和审美需求而创造的艺术，包括民间工艺美术、民间音乐、民间舞蹈和戏曲等多种艺术形式；狭义上说，民间艺术指的是民间造型艺术，包括民间美术和工艺美术各种表现形式。

　　传统的民间艺术是我国五千年文化艺术的珍宝，它是中华民族的智慧结晶，其中的许多奥妙之处仍值得现代服装借鉴。例如，贵州的蜡染、东阳的木雕、苏州的刺绣等，其中每一个造型、一个图案、一朵绣花、一组配色等都是很有特点的素材，经常给创作者以美妙的灵感（图2-36、图2-37）。

图2-36 剪纸艺术

图2-37 刺绣艺术

　　民间艺术元素服装在设计的基础上要充分考虑人们的需求，再将民间艺术理念融入服装设计中，高品质的服装是人们追求高品质生活的一个表现。

练习题：

1. 不同的设计思维分别有什么联系与区别？在服装创意设计中如何具体体现？

2. 寻找不同的灵感来源进行创意服装设计练习，设计思维和设计角度不限，要求设计尽可能新颖奇特。

3. 尝试运用不同的设计方法进行服装款式设计练习。

4. 运用联想设计思维完成一系列创意服装设计。要求构思新颖，有独创性，杜绝抄袭。

5. 谈谈服装设计中的高科技素材有哪些。

6. 试着从民间艺术中提取设计元素并设计一系列服装。

第三章
创意服装设计风格

本章知识点：

1. 风格概念

2. 服装风格的意义

3. 服装风格的分类

第一节　服装的风格

一、服装风格的概念

风格是指艺术作品的创作者对艺术的独特见解和与之相适应的独特手法所表现出来的作品的面貌特征。

服装风格是指一个时代、一个民族、一个流派或一个人的服装在形式和内容方面所显示出来的价值取向、内在品格和艺术特色，是服装整体外观与精神内涵相结合的总体表现，能传达出服装的总体特征。

一个企业、一个品牌必须通过营造富有个性的品牌形象和独特的产品风格使自己具有市场竞争力。服装风格，即服装的款式、色彩、材质、配饰，形成统一且具有鲜明的倾向性及外观形式。突出的风格特征能在瞬间产生视觉冲击力和感染力，并使人产生精神上的共鸣，是服装外观样式与内涵结合的总体表现。

二、服装风格的本质

服装的艺术风格主要是指服装设计师在设计时所表现出来的自我设计理念的稳定性，同时在艺术形式上也形成了固定的风格，这不仅是艺术作品成熟的标志，也是服装设计师成熟的标志。设计风格就是设计师自身独特的创作特征，是构筑服装流派的基础，若设计理念和设计风格呈现出相似性，那么这些设计风格具有共同特点的设计师就会形成一个紧密的群体，也就形成了流派。在进行设计时，个人的设计个性赋予了设计作品独特的风格，设计流派强调同类的设计者共有的特点，也就是说，设计风格的划分是设计流派形成的前提条件。

第二节　服装风格的意义

一、造型意义

服装设计属于造型艺术的范畴，通过色、形、质的组合表现出一定的艺术韵味，服装风格是这种韵味的表现形式。当服装被当成一件艺术品来欣赏的时候，服装强调的就是其在某种风格上的造型意义。

二、商业意义

服装作为商品在市场上流通，尤其是品牌服装有明显的区别，而这种明显的区别之一就表现在服装风格当中。

服装设计风格是服装设计作品中所呈现的代表性的艺术特点，这种艺术特点可源自历史和民族服饰，源自各种艺术流派或者社会思潮的冲击等。这种被称为"风格"的设计，有些是经过历史与审美的积淀，具有成熟性和稳定性，堪称经典，如古希腊风格是欧洲风格的源头、中国风格为东西方设计艺术所共同推崇；还有些正在产生影响、形成风格，如解构风格对于主流风格的反叛。

风格具有连贯性，它不会随着时间的流逝而消失，而是在不同时期以各种不同方式、手法被重新诠释，一再重生。

在当今这样一个经济高速发展、服装消费需求多样化的时代，服装设计师需要适应市场需求，吸收多种风格样式，拓展设计思维和设计手法。因此，对服装设计风格的研究显得很有必要。

第三节　服装风格的分类

一、休闲风格

1. 风格印象

休闲风格的服装又称便装（Casual），是人们在无拘无束、自由自在的休闲生活中穿着的服装。休闲是指在非劳动及非工作时间内，以各种"玩"的方式求得身心的调节与放松，达到生命保健、体能恢复、身心愉悦的目的的一种业余生活。休闲之事古已有之，一般意义上的休闲是指两个方面，一是借体力上的疲劳，恢复生理的平衡；二是获得精神上的慰藉，成为心灵上的驿站。它是完成社会必要的劳动之后的时间，是人的生命状态的一种形式。而对于人之生命的意义来说，它是一种精神状态，并在人类社会进步的历史进程中扮演着重要角色。

便装设计随意但富含趣味性，易于穿着，服装线形自然，装饰运用不多，轮廓简单，搭配随意多变，强调多种搭配性，针脚牢固、结构和工艺以及细节多变。

便装面料以天然纤维为主，常用针织面料，经常强调面料的肌理效果。面料经过涂层、亚光处理，配以尼龙搭扣、抽绳、罗纹、缉线、商标等装饰。色彩比较明朗单纯，具有流行特征（图3-1）。

2. 代表品牌

便装的代表品牌有美国的埃斯普利特（ESPRIT）、意大利的贝纳通（BENETTON）、法国的思琳（CELINE）、法国的索尼亚·里基尔（SONIA RYKIEL）、美国的拉夫·劳伦（RALPH LAUREN）、美国的汤米·希尔费格（TOMMY HILFIGER）等。

二、运动风格

1. 风格印象

借鉴运动装设计元素，廓型以直身为主，造型宽松，穿着舒适，多用插肩袖。分割线多使用直线与斜线，会较多运用块面分割与条状分割。面料大多使用可以突出机能性的天然纤维面料。经常使用装饰条、橡皮筋、拉链、局部印花、嵌条、商标等装饰。色彩大多比较鲜明，白色以及各种不同明度的红色、黄色、蓝色等在运动风格的服装中经常出现（图3-2）。

图3-1　休闲风格服装

图3-2　运动风格服装

2. 代表品牌

运动风格服装代表品牌有法国的ELLE、美国的保罗（POLO）运动服装系列、意大利的马克斯·玛拉（MAX MARA）较年轻的二线品牌SPORTMAX 、美国的耐克（NIKE）等。

三、经典风格

1. 风格印象

经典风格服装比较保守，讲究穿着品质，不太受流行左右，追求严谨而高雅。衣身大多对称，廓型以直筒为主，少用省道与分割线。以蓝色、酒红色、白色、浅粉色、紫色等沉静高雅的古典色为主。面料多选用传统的精纺面料，花色以传统的彩色、单色居多。装饰细节精致，如局部绣花、领结、领花等（图3-3）。

图3-3　经典风格服装

2. 代表品牌

经典风格服装代表品牌有意大利的乔治·阿玛尼（GIORGIO ARMANI）、马克斯·玛拉（MAX MARA），法国的爱马仕（HERMÈS）等。

四、优雅风格

1. 风格印象

优雅风格是18世纪欧洲音乐中的一种新风格，是巴洛克时代与古典主义之间音乐发展的枢纽，它与"洛可可""情感风格"等同时期风格现象含混交错。从某种意义上说，这种风格现象更能代表18世纪的时代精神。后来，这种风格和巴洛克风格一样发展到艺术的各个领域。

优雅风格服装具有较强的女性特征，兼具时尚感较成熟、外观与品质较华丽、做工精细等特征。衣身较合体，讲究廓型曲线，悬垂性好，分割线以规则的公主线、省道、腰节线为主。多使用高档面料，面料质地细腻、悬垂性好。讲究服装细节设计，装饰不烦琐，常用绣花、荷叶边、蕾丝、缎带、抽褶、包边等装饰细节。色彩多选用柔和高雅的灰色调（图3-4）。

图3-4 优雅风格服装

2. 代表品牌

优雅风格服装代表品牌有法国的香奈儿（CHANEL）、纪梵希（GIVENCHY）、圣罗兰（YVES SAINT LAURENT），美国的奥斯卡·德拉伦塔（OSCAR DE LA RENTA），意大利的瓦伦蒂诺（VALENTINO）、芬迪（FENDI）等。

五、前卫风格

1. 风格印象

前卫风格起源于20世纪初，与古典风格是两个对立的风格流派。前卫风格受到波普艺术、抽象派艺术、立体派艺术等影响，其风格特点是超出通常的审美标准，离经叛道、变化多端、荒谬怪诞、无从捕捉而又不拘一格（图3-5）。

图3-5　前卫风格服装

前卫风格服装新奇多变，善于打破传统，造型富于幻想，运用具有超前流行的设计元素。设计无常规，较多使用不对称结构与装饰，尺寸与线形变化较大，分割线随意无限制。用色大胆鲜明、对比强烈、不受约束。经常使用奇特新颖、时髦刺激的面料，而且材质搭配反差较大。

2. 代表品牌

前卫风格服装代表品牌有英国的薇薇安·韦斯特伍德（VIVIENNE WESTWOOD）、侯塞因·卡拉扬（HUSSEIN CHALAYAN）、亚历山大·麦昆（ALEXANDER MCQUEEN），意大利的莫斯奇诺（MOSCHINO），法国的让-保罗·戈尔捷（JEAN PAUL GAULTIER）等。

六、中性风格

1. 风格印象

中性风格服装弱化女性特征，部分借鉴男装设计元素。线条精炼，直线条运用较多，分割线比较规整，造型棱角分明，廓型简洁利落。色彩明度较低，以黑色、白色和灰色等常规色为主，较少使用鲜艳的色彩。面料选择范围很广，但是几乎不使用女性味太浓的面料（图3-6）。

2. 代表品牌

中性风格服装代表品牌有法国的蒙塔娜（MONTANA）、路易威登（LOUIS VUITTON），美国的马克·雅可布（MARC JACOBS）、卡尔文·克莱恩（CALVIN KLEIN），意大利的普拉达（PRADA）、乔治·阿玛尼（GIORGIO ARMANI）等。

图3-6 中性风格服装

七、民族风格

1. 风格印象

民族风格是一个民族在长时期发展中形成的本民族的艺术特征，由一个民族的社会结构、经济生活、自然环境、风俗习惯、艺术传统等因素所构成。民族风格是一个民族特有的文化符号或文化特征。

民族风格服装地域特点鲜明，较少使用分割线，大多工艺特殊，情节感强。色彩多数浓烈、鲜艳，对比较强。经常选用充满民族感的面料，针对不同地区、民族，使用面料差异性较大。手工装饰较多，多用刺绣、珠片、流苏、嵌条、绳边、印花、编织物等装饰（图3-7）。

图3-7 民族风格服装

2. 代表品牌

民族风格服装代表品牌有日本的森英惠（HANAE MORI），美国的安娜·苏（ANNA SUI），意大利的艾绰（ETRO）、米索尼（MISSONI），比利时的德赖斯·范诺顿（DRIES VAN NOTEN），法国的克里斯汀·拉克鲁瓦（CHRISTIAN LACROIX）等。

八、轻快风格

1. 风格印象

轻快风格服装轻松明快，适合年轻女性日常穿着，具有青春气息。可以使用多种服装造型，繁简皆宜，款式活泼利落，衣身通常比较短小且紧身。面料选择随意，棉、麻、丝、毛以及化纤均可使用，花色较多。色彩通常比较亮丽。分割线也不受约束，弧形线或变化设计的零部件较多（图3-8）。

图3-8　轻快风格服装

2. 代表品牌

轻快风格服装的代表品牌有意大利的毕伯劳斯（BYBLOS）、普拉达（PRADA）的副线缪缪（MIU MIU），美国的唐纳·卡兰（DONNA KARAN），英国的克莱门茨·里贝罗（CLEMENTS RIBEIRO）等。

九、简洁风格

1. 风格印象

简洁风格服装线形流畅自然，结构合体，整体造型简洁利落。零部件较少，分割较少。材料和色彩选择范围广（图3-9）。

2. 代表品牌

简洁风格服装的代表品牌有意大利的乔治·阿玛尼（GIORGIO ARMANI），既是经典风格的代表品牌，同时又是简洁风格的代表品牌。

图3-9　简洁风格服装

十、浪漫风格

1. 风格印象

浪漫风格服装的灵感来自对美的憧憬，清新、典雅，极富美感的细节设计，吸引了众多的目光。层叠的花边及装饰，浪漫的艺术印花、提花，精美的蕾丝，甜美、淡雅的色彩……优美朦胧、柔和轻盈。造型大多精致奇特，局部处理别致细腻。色彩变换扑朔迷离。用料多为柔软透明、飘逸潇洒、悬垂性好的服装材料。

浪漫风格的设计，追求的是一种不带任何人工雕饰的、柔美的、感性的美。服装以人为本，注重认知与心态的完美统一。为人们带来有如置身于清风明月、山间原野的悠闲浪漫的心理感受。

设计的色彩印象：一类以轻柔的浅色系为主，形成明亮、柔美而优雅的色彩倾向；另一类以强烈、鲜艳的色彩为重点，形成明亮、活泼的配色效果（图3-10）。

图3-10　浪漫风格服装

服装的款式造型：日常性服装在强调浪漫动人的同时，也给人以热情奔放、青春活力的服装印象，是一种具有挑战性的、年轻的设计风格。社交类型的服装则以廓型为主，多为合体而古典的紧身造型，强调裙及袖的层次和动感，强化古典风格的局部细节化特征的设计，饰以华丽的蕾丝和细褶以及蝴蝶结、玫瑰花等装饰，注重层次，线条变化多端。

服装的面料运用：大多日常性的面料以棉、麻织物为基本，如精纺棉布、泡泡纱、绉纱等，纹样以大胆、明快、鲜艳的热带大花、大点以及明快的条格图案为主。礼服类则选用高雅、精巧的面料，如缎、绡纱及蕾丝等，细节部位采用柔美精巧的花草纹样和闪光提花织物、手绘、刺绣等精制面料。

2. 代表品牌

浪漫风格服装的代表品牌有法国的珂莱蒂尔（KORADIOR），英国的乔帛（JAOBOO），中国的浪漫一生等。

十一、田园风格

1. 风格印象

田园风格是把设计的触觉伸向广阔的大自然和悠闲自由的乡村生活，追求一种不要任何装饰、原始的、返璞归真的淳朴情节，并从中汲取灵感。

田园风格的服装设计，追求的是一种不要任何虚饰的、原始的、淳朴自然的美。这种服装具有较强的活动机能，很适合人们郊游、散步和做各种轻松活动时穿着，迎合了现代人的生活需求。崇尚自然，廓型随意，线条宽松。经常使用手工制作某些细节。面料以天然纤维为主，富有肌理效果，手感较好。以自然界中花草树木等的自然本色为主，如白色、本白色、绿色、栗色、咖啡色、泥土色、蓝色等（图3-11）。

图3-11 田园风格服装

2. 代表品牌

田园风格服装的代表品牌有法国的BONPOINT，丹麦的MOLO，英国的凯茜·琦丝敦（CATH KIDSTON），韩国的LE BEV、BEBEBEBE，中国的野柿等。

十二、淑女风格

1. 风格印象

淑女风格服装女性味十足，娇柔可爱。经常借鉴西方宫廷式女装的感觉进行设计，廓型线多用曲线，腰部合体或收紧。部件设计和装饰精致。多使用浅淡色调，如浅粉色、粉紫色、浅蓝色、白色、淡黄色等。面料经常使用高支纱的细布、雪纺绸或像丝绸一样柔软的面料（图3-12）。

2. 代表品牌

淑女风格服装的代表品牌有中国的朵以、阿依莲、淑女屋、十八淑女坊等。

图3-12 淑女风格服装

十三、混搭风格

1. 风格印象

混搭即混合搭配，就是将传统上由于地理条件、文化背景、风格、质地、价格等不同元素进行搭配，组成有个性特征的新组合体。混搭是时尚界的一个专用名词，指将不同风格、不同材质、不同身价的事物按照个人喜好拼凑在一起，从而混合搭配出完全个性化的风格服饰。

混搭的特点是不要规规矩矩，但绝不等同于毫无章法的胡乱搭配，其看似漫不经心，实则出奇制胜。混搭虽然多种元素共存，但还是要确定一个主"基调"，以这个基调为主线，其他风格做点缀，有轻有重，有主有次，从衣服到配饰、鞋子和包袋的搭配都要围绕这个主基调展开。混搭时应该特别注意颜色、材质等的种类不要太多，以不超过四种为宜。在服装混搭中，常见皮草搭配薄纱、晚装搭配牛仔、男装混搭女装、朋克铁钉搭配洛丽塔长裙、呢子大衣或羽绒服混搭凉鞋等基本组合，混搭时注意搭配的层次感和节奏感（图3-13）。

图3-13　软硬材质混搭服装

2. 代表品牌

混搭风格服装的代表品牌有西班牙著名的飒拉（ZARA），以及其他时尚品牌等。这些品牌的快时尚模式，将经典风格、前卫风格、中性风格、嬉皮风格等不同风格的设计元素融入服饰，让搭配有无限可能（图3-14）。

图3-14　不同风格混搭服装

十四、学院风格

1. 风格印象

学院风格是一种着装风格，发源于英国牛津大学和剑桥大学的校服，后来以美国"常春藤"名校校园着装为代表。由热衷运动、交际和度假的贵族预科生引领的衬衫配毛背心或者 V 领毛衣的装扮，在 20 世纪 80 年代极为流行。

学院风格代表年轻的学生气息、青春活力和可爱时尚，是在学生校服的基础上进行的改良。时尚圈里盛行的学院风格能让人重温学生时光。学院风格服装以百褶式及膝裙、小西装式外套居多。近年流行的英格兰学院风格以简便、高贵为主（图 3-15）。格子图案、百褶短裙、白衬衫、双边条纹背心是常用的设计元素。

图 3-15　学院风格服装

2. 代表品牌

传统的学院风格服装品牌包括美国的拉夫·劳伦（RALPH LAUREN）、法国的鳄鱼（LACOSTE）、美国的汤米·希尔费格（TOMMY HILFIGER）等，尤其是作为学院风格之父的拉夫·劳伦，其设计中从来不曾离弃过有绣花胸章的西装、V 领针织衫、领带、牛津纺恤衫等简单清新款的学院派服装。20 世纪 70 年代伍迪·爱伦（Woody Allen）的电影《安妮·霍尔》（*Annie Hall*）里男女主角的服饰就是出自拉夫·劳伦之手，此片成功地为该品牌建立了一种美式怀旧和上流社会的文化格调，令其红遍时尚圈。

十五、通勤风格

1. 风格印象

"通勤"一词源于日语，指从业人员因工作和学习等原因往返于住所与工作单位或学校的行为或过程。通勤是工业化社会的必然现象。在 19 世纪以前，市民主要步行上班。现代社会，如汽车、火车、公共汽车、自行车等交通工具让住在较远处的人也可以快捷地上班。

随着交通技术的进步，城市扩张到了更远的地方。市郊的设立也令市民可以在远离市区之处定居，并以通勤来上班。许多大城市都有所谓的通勤地带，或称大都会区。这种区域包括很多通勤城市，人们在通勤城市内居住并到城市中心上班。他们经常穿的衣服就被叫作"通勤装"，形成的服装风格被叫作"通勤风格"。

通勤风格与时尚白领（OL）风格最大的区别是通勤风格更偏向休闲，是时尚白领风格的半休闲主义服装。休闲已成为这个时代不可忽视的主题，它不再只是度假时的装束，而且会出现在职场和派对上。人们宽容地接纳了平底鞋、宽松长裤、针织套衫，因为这些服饰做工精致，让穿着者看上去更温和，更加贴近自然，重点在于打造干练、简洁、清爽的形象（图3-16）。

2. 代表品牌

通勤风格服装的代表品牌有中国的GXG、七匹狼、太平鸟等，都属于比较有设计感的通勤风格。

图3-16　通勤风格服装

练习题：

1. 请思考一下淑女风格和浪漫风格的区别。

2. 请思考风格对于一个品牌的作用和意义。

第四章
创意服装设计的基本元素

本章知识点：

1. 造型元素

2. 廓型元素

3. 结构元素

4. 细节元素

5. 面料元素

第一节　造型元素

　　服装造型元素的设计是服装的基本骨架，根据服装的风格特点和具体的实用性等进行设计，因此造型元素是影响服装意向表达的重要元素之一。服装造型的设计包括服装的外部廓型设计和内部款式结构设计两个重要环节。服装的外部廓型是指服装的外部造型线条，也称廓型线，是服装的造型剪影，是影响服装风格的第一要素。服装款式的设计是对服装内部结构元素的设计，涉及服装的领部、袖子、肩部、门襟等细节部位的造型。服装的廓型变化影响着服装款式的设计，服装款式的设计同时也支撑着服装整体廓型的表达。

　　造型艺术就是通过点、线、面、体的基本形式进行分割、组合、排列，从而产生形态各异的造型结果。

一、点

　　点是服装造型设计中的最小元素。

1. 点的形状

　　几何形的点：几何形的点的轮廓是由直线、弧线等几何线分别构成或结合构成的，给人以明快、规范之感，装饰味比较浓（图4-1）。

　　任意形的点：任意形的点的轮廓是由任意形的弧线或曲线构成的，没有一定的形状，给人以亲切活泼之感，人情味、自然味较浓（图4-2）。

图4-1　几何形的点

图4-2　任意形的点

2. 点的位置

局部造型的点：局部造型的点在服装中起到画龙点睛的作用，具有比较跳跃、灵活的特点（图4-3）。

大面积造型的点：大面积造型的点在服装中比较有艺术表现力，通常是一件服装的设计重点或特色（图4-4）。

图4-3 局部造型的点　　　　　　　　　　　　　图4-4 大面积造型的点

3. 点的厚度

平面的点：平面的点是指在服装造型中比较平薄的、厚度不大的点，看上去比较规整、平贴、秀气（图4-5）。

立体的点：立体的点是指厚度较大、有一定体积感的点，在制作时通常会使用扭曲、翻折、褶裥、层层粘贴或者加填充物等手法做出很多造型（图4-6）。

图4-5 平面的点　　　　　　　　　　　　　图4-6 立体的点

4. 点的虚实

服装设计中点的虚实包括两方面：其一，当许多条线并列放置，每一条线都在中间断开，由此形成虚点的集合。其二，以点的材质和制作方式的不同而形成点的虚实变化（图4-7）。

5. 点的大小

在服装设计中，不同大小的点组合运用会给人千差万别的心理感觉（图4-8）。

图4-7　点的虚实　　　　　　　　　　　　图4-8　点的大小

6. 点的数量

单点：在服装设计中充分利用单点要素的造型作用，能够强调服装的某一部分，起到画龙点睛的作用（图4-9）。

两点：两点出现在同一个图形中，视觉效果会比单点丰富得多，两点间距不同、位置不同，给人的感觉也会不同（图4-10）。

多点：多点排列在服装中使用可以强化服装的设计。数量较多或大小不一的点组合在一起，会给人以活泼感、层次感（图4-11）。

7. 点的间距

点的间距指点在服装上排列的远近、疏密，点排列得疏密结合、远近适当，可以增加服装的形式美感。

图4-9 单点   图4-10 两点   图4-11 多点

8. 点的表现形式

辅料表现的点：纽扣、珠片、线迹、绳头等都属于辅料类的点，这类点兼具功能性和装饰性。

饰品表现的点：小手袋、胸花、丝巾扣、人造花等属于饰品类的点。

工艺表现的点：刺绣、图案、花纹等属于工艺类的点（图4-12）。

服装上的点一般指视觉上的相对细小的形象，如纽扣、扎结、面料图案等。从设计的意义上讲，点的视知觉主要是它的大小、色彩、质感，而不是它的形象。点的构成作用与点的大小、位置、色彩、排列及给人的主观感受有密切的联系。

图4-12 工艺表现的点

二、线

在几何学上，点的移动轨迹构成线。造型设计中的线可以有宽度、面积和厚度，还会有不同的形状、色彩和质感，是立体的线。

1. 线的位置

局部造型的线：在服装设计中线经常用于服装的边缘设计。局部使用的线的位置比较随意（图4-13）。

大面积造型的线：大面积造型的线配合材质特性、色彩、形状、粗细等方面的设计因素，往往比较有设计特色（图4-14）。

图4-13　局部造型的线　　　　　　　　　　　图4-14　大面积造型的线

2. 线的粗细

线的宽窄：线的宽窄对服装有很明显的影响，宽线条给人比较随意、跳跃、刚硬的感觉，细线条则给人隐蔽、柔和、优雅的感觉（图4-15）。

线的厚度：平面的线指在服装造型中比较平贴的线，看上去比较规整、大方；立体的线指有一定厚度和体积感的线，通常使用层叠、堆砌、扭绞、搓捻或者加填充物等手法形成。

图4-15 线的宽窄

3. 线的虚实

线的虚实也有两种表现形式：一是线条本身是虚线或实线；二是线条形式的面料是厚实或不透明的，给人比较"实"的感觉，或线条形式的面料是轻薄或透明的，给人"虚"的感觉（图4-16）。

图4-16 线的虚实

4. 线的间距

线的间距指线在服装上排列的远近、疏密。线的排列一定要合理安排间距，同时结合线条的粗细、形状等因素，以增加服装的形式美感（图4-17）。

5. 线的长短

不同长短的线条会给人不同的感觉，短线条显得干脆利落，长线条显得柔美飘逸，长短线条搭配使用时可增加服装的空间感。

图4-17　线的间距

6. 线的表现形式

造型线表现的线：服装中的造型线包括服装的廓型线、基准线、结构线、装饰线和分割线等，还有出于美的需要而运用的各种装饰线条。这类线条可根据设计需要和设计心情自由发挥，而且一般不太受工艺的限制（图4-18）。

图4-18　造型线表现的线

工艺表现的线：运用嵌线、褶裥、镶拼、手绘、绣花、镶边等工艺手法以线的形式出现在服装上的构成元素（图4-19）。

服饰品表现的线：在服装上能体现线性感觉的服饰品，主要有挂饰、腰带、围巾、包袋的带子等。

图4-19 工艺表现的线

　　辅料表现的线：服装上表现线性感觉的辅料，主要有拉链、子母扣、绳带等，其兼具服装闭合的实用功能和各种不同的装饰功能（图4-20）。

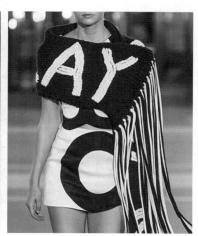

图4-20 辅料表现的线

三、面

　　在几何学上，面是线的运动轨迹。造型设计中的面可以有厚度、色彩和质感，相对而言是比点大、比线宽的形体。从造型要素角度讲，服装总体上面感最强，点和线可以通过与面的互动、呼应，打破面的呆板，形成造型上的补充，如一件普通素色、A型的连衣裙上用一条夸张的腰带就会产生不同的感觉。

　　服装中的面以重复、扭转、渐变等形式排列组合，使服装具有虚实变化和空间层次感。服装的裁片本身就是面，不同裁片的缝合又构成新的面，进而形成了立体的服装。不同的面积、形状、色彩和材质的裁片进行搭配会产生丰富的、富有层次变化和韵律感的视觉效果，不同色彩和材质的裁片在拼接时面感更强。

1. 面的形状

　　直线形的面：通常长方形、正方形和三角形称作直线形的面。直线形的面具有明确、简洁、秩序性的特点，用在服装设计中给人感觉干脆、利落，现代感强。

　　曲线形的面：圆形、椭圆形等称作曲线形的面。圆是最单纯的曲线围成的面，在平面形态中极具静止感（图4-21）。

图4-21　曲线形的面

　　随意形的面：由自由曲线圈出的面就是随意形的面。随意形的面自如、轻松，充满情趣（图4-22）。

2. 面的大小

　　在服装设计中，衣片是组成服装的基本元素，不同大小的衣片组合可增加服装的视觉层次。

图4-22 随意形的面

3. 面的虚实

面的虚实主要通过不同厚薄的面料或面料的肌理效果来表现，与线的虚实类似。

4. 面的表现形式

服装裁片表现的面：服装是由裁片组合而成的，大部分服装裁片都是一个面，服装是由这些面围拢人体形成的体（图4-23）。

图4-23 服装裁片表现的面

图案表现的面：服装上经常会使用大面积的装饰图案，而且图案往往会成为一件服装的特色，形成视觉中心。

服饰品表现的面：服装上面感较强的服饰品，主要有非长条形的围巾、扁平的包袋、披肩等。

工艺表现的面：用工艺手法在服装上形成面的感觉，是许多服装经常用的手法（图4-24）。

图4-24　工艺表现的面

四、体

体由面和面结合构成，具有三维空间的概念。造型设计中的体有一定的广度和深度，在服装上有色彩、有质感。服装设计中的体造型不仅指服装衣身的体感，还指有较大零部件凸出的体感或局部处理凹凸明显的体感，体造型在服装上易产生重量感、温暖感和突兀感。

体是面的移动轨迹和面的重叠，点、线、面是构成体的基本要素。对于实用服装来说，体感并不是很强，但对创意服装、舞台服装，以及华丽繁复、风格迥异的婚纱、晚礼服的设计来说，体的造型则表现得非常明显。夸张的造型、重叠的缀饰、变化的褶皱都使服装产生强烈的体积感。而在服装整体部位追求突出的零部件也可以创造出前卫、松散、繁复和硬朗的风格。通常体感较强的服装或较为繁复的设计对工艺要求也较高，这样的服装往往不能以平面裁剪的方式进行制作，需要通过立体裁剪完成。服饰品中的包袋、帽子等都是体造型，是服装设计中的重要配饰（图4-25）。

图4-25 服装中的体造型

1. 体的形状

设计中的体可以是面的合拢或点、线的排列集合等，如面的卷曲、重叠或合拢形成的体，点线的排列集合、点线构成的内部空间也可形成体（图4-26）。

图4-26 体的形状

2. 体的大小

大小不同的体在服装中可以表现出笨重、厚实、突兀、活泼等感觉。造型比较夸张的裙身或大的零部件、配件通常会有一种稳重感（图4-27）。

图4-27　体的大小

3. 体的虚实

体的虚实主要根据形成体的元素和方式决定。

4. 体的表现形式

衣身表现的体：服装衣身的整体经常会使用宽松、浑圆、有一定体积感的造型（图4-28）。

图4-28　衣身表现的体

零部件表现的体：突出于服装整体部位的较大零部件大都具有较强的体积感。

服饰品表现的体：服装上体积较大的三维效果的服饰品，如包袋、帽子、手套等，都是体造型。

五、点、线、面、体的关系

1. 概念的相对性

点、线、面的概念是相对的，有一定的模糊性。相对于造型物整体而言，整体上的某一部分可以看作一个点，但它本身可能是一个较小的面或者是几条线，又或是一个小小的体；同样，小的面积的体可以看作点，细长的体可以看作线，线缩短长度可以看作点，而大点则可以看作面等。点、线、面、体在服装设计中往往不是孤立使用的，而是综合运用，只是视觉上以某一要素为主。

2. 形式的转换性

在造型设计中，不同的组合形式可以完成点、线、面、体之间的相互转化，利用造型元素形式上的可变性进行设计可以创造出千变万化的服装造型。

3. 风格特征

（1）点的造型风格：不同的点运用在服装中会有不同的造型风格，带给人不同的心理感受。

（2）线的造型风格：不同的线造型结合不同的材质、工艺等也会形成不同的风格。

（3）面的造型风格：面在服装中的造型风格非常多样化，即使同样的面由于其排列方式不同也会使服装呈现截然不同的风格。

（4）体的造型风格：体在服装中可以表现出笨重、厚实、温暖、活泼等感觉。

4. 造型要素的应用方式

（1）单一要素的使用：指在整件服装或服装的某一部位只使用一种造型要素。

（2）多种要素的结合：使用点、线、面、体多种要素来塑造服装的立体造型，可丰富服装的造型表现，可以在造型的空间、虚实、量感、节奏、层次等方面进行多种变化设计（图4-29）。

图4-29　点、线、面、体多种要素的结合

第二节　廓型元素

外轮廓是服装的造型剪影，是影响服装风格的第一要素。在服装廓型创意中，可通过廓型的分割、分离及组合创造出新颖的创意，也可以根据肩线、腰线、下摆线在围度和高度上的组合变化创造出耳目一新的服装外轮廓。

一、字母型

H型、X型、A型、T型、V型、O型等。

H型也称矩型、箱型、筒型或布袋型。其造型特点是平肩、不收紧腰部、筒形下摆，因形似大写英文字母H而得名。H型服装具有修长、简约、宽松、舒适的特点（图4-30）。

X型线条是女性化的线条，其造型特点是顺应人体曲线，肩部稍宽、腰部收紧、臀部自然外张。X型线条的服装具有柔和、优美，是能够充分显示女性曲线美的较为性感的廓型（图4-31）。

A型外形是上小下大的造型。具有活泼、可爱、造型生动、流动感强、富于活力的特点，是服装中常用的造型样式，女童装和成年女装中最常用（图4-32）。

图4-30 H型

图4-31 X型

图4-32 A型

T型又叫Y型，外形线类似倒梯形或倒三角形，其造型特点是肩部夸张、下摆内收形成上宽下窄的造型效果。T型廓型具有大方、洒脱、较男性化的特点（图4-33）。

O型类似上下口线收紧的椭圆，肩部、腰部以及下摆没有明显的棱角，特别是腰部线条松弛，不收腰，整体造型较为丰满、圆润。

图4-33 T型

O型线条具有休闲、舒适、随意的特点，呈现出圆润的"O"形观感，可以掩饰身体的缺陷，充满幽默而时髦的气息（图4-34）。

图4-34 O型

V型的服装上宽下窄，横向夸张的肩部，至腰、臀及下摆处缓慢收紧，个性鲜明、锋利，常用于男装及夸张肩部设计的时尚女装中（图4-35）。

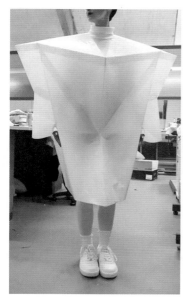  

图4-35 V型

还有其他比较罕见的字母造型，如L型（图4-36）、M型（图4-37）等。

图4-36 L型　　　　　　　　　图4-37 M型

二、几何形

长方形及正方形（H型）、重叠梯形（X型）、三角形和梯形（A型或T型）、圆形及椭圆形（O型）等。

三、根据流行特征分类

按流行特征可分为紧身形、直身形、宽松形、综合形等。

四、物象形

埃菲尔铁塔形、花瓶形、美人鱼形、豆荚形、气球形、钟形、木栓形、磁铁形、帐篷形、陀螺形、圆桶形、篷篷形、郁金香形、喇叭形、酒瓶形等。

第三节　结构元素

服装结构设计主要是服装分割线的设计，也是塑造外轮廓的关键。服装分割线包括功能性分割线设计、装饰性分割线设计和功能性装饰性分割线设计。服装分割线设计考量设计师的艺术审美，以及对服装造型技术的理解和应用，是服装结构设计的灵魂（图4-38）。

  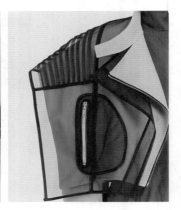

图4-38　分割线设计

服装局部造型的美感决定了服装的整体美感，服装轮廓造型与局部造型之间的关系决定了服装整体的风格，造型内部的各部分比例关系和装饰细节决定了局部造型的美感。

第四节　细节元素

服装设计中的细节元素指针对服装的某一部位进行设计表现，以增加服装的设计含量。服装的细节设计可以分为：工艺细节设计、装饰细节设计和局部造型细节设计等。在服装设计中，领口、肩型、口袋、下摆、门襟等局部细节和衣片上的省道、褶皱、图案装饰等都属于服装的细节设计的内容。通过细节设计可以为服装产品增加卖点，提升服装的时尚性和溢价能力。

一、工艺细节设计

服装工艺细节设计指在服装的设计过程中将仅作为技术手段的工艺方法与艺术结合，并进行细节设计。运用工艺在服装中进行细节设计时，手法较多、材料应用较广，主要的工艺细节设计有缝制工艺细节设计、后整理工艺细节设计、辅件工艺细节设计等。

缝制工艺细节设计指运用缝合工艺的特殊效果进行细节设计。设计师可以通过改变缝合方式达到运用缝制细节的目的，如在口袋、门襟、肩部、袖子等缝合处变单一的平缝为立缝，来增强服装的立体效果。可以运用多变的缉线设计，包括平缝缉线、链式缉线、锁式缉线、装饰缉线、包缝缉线、仿手工缉线等（图4-39）。

图4-39　缉线工艺

图4-40　水洗工艺

后整理工艺细节设计是指运用在服装设计中后整理的工艺进行细节设计。设计师可以运用水洗、石磨等后整理工艺，达到美化服装和装饰的目的（图4-40）。

辅件工艺细节设计是指运用绳带等辅料进行细节设计。领口、腰部、袖口、门襟、口袋、下摆等都是辅件工艺细节设计常用的部位（图4-41）。

图4-41　绳带工艺

二、装饰细节设计

装饰细节设计是指在服装上利用某些工艺技术或者添加附属的物品，改变服装的固有面貌，使其变化、增益、更新、美化（图4-42）。设计师可以利用一定的技术手段进行细节装饰设计，如绣、贴、烫、嵌等，也可以利用服装的辅件，或者在服装的某些部位进行附加物的装饰（图4-43）。装饰细节设计可以在服装整身运用，也可以在服装的某一部位运用。

三、局部造型细节设计

局部造型细节设计指改变服装的局部造型，如领口、门襟、腰部、肩部、袖口、下摆

图4-42 牛仔毛边工艺

图4-43 装饰细节设计

等，以达到改变视觉中心的设计目的。设计师可以通过打褶、造花、抽褶等手段达到局部造型设计。

1. 领子设计

领子是突出款式设计的重要部分，因为它非常接近人的面部，处在视觉中心，经常起到吸引目光的作用。衣领主要分为有领和无领两大类。设计衣领时主要考虑人的颈部特征、领型及服装的整体效果（图4-44）。

2. 袖子设计

袖子在服装造型设计中占有重要地位。设计时主要考虑季节的需要和服装整体造型的协调。袖型的变化包括袖口的大小、宽窄、粗细和袖口形状的变化；袖窿宽窄变化、袖褶变化；开口方式、开口位置、开口长短变化；袖子的长短变化、连肩变化、袖边形式变化等。尽管局部的衣领和袖子的形象装饰变化很多，但都要统一于服装整体的变化，包括整体的呼应与装饰的协调（图4-45）。

图4-44　领子设计

图4-45 袖子设计

3. 门襟设计

门襟即衣领在前胸部位的开口，它便于服装的穿脱，同时可以装饰服装。门襟与衣领直接相连，如果门襟的结构不能与衣领的结构相适应，将会给制作带来困难，并影响服装最终的成衣效果。不同的装饰手法都可能对服装的整体风格造成影响，要根据服装的整体风格决定门襟的装饰手法（图4-46）。

图4-46 门襟设计

4. 口袋设计

口袋是服装式样构成的内容之一，在服装设计中具有实用功能和装饰功能。袋形的设计，包括袋口变化、袋形形象变化、袋形结构变化；口边曲直变化、口袋位置变化、袋口横竖斜角度变化；还有袋形、边饰、袋形饰线变化、袋盖变化等（图4-47）。

图4-47

图4-47　口袋设计

四、其他部位细节设计

除了以上阐述的部位以外，服装中的任何部位都可以成为设计师想要强调的视觉中心（图4-48）。

图4-48 其他部位细节设计

第五节 面料元素

　　服装的面料创意设计可以被称为服装设计的"灵魂"。服装面料是服装设计和制作的基础性要素，也是其风格和着装效果的决定性因素（图4-49）。面料的颜色、质感、层次、图案等内容都会通过服装面料表现出来。

图4-49 面料创意设计

服装面料的创意设计主要可以分为两个方面：一个是遵循"加法原则"而开展的设计，另一个是遵循"减法原则"而开展的设计。所谓服装面料设计的"加法原则"就是将其他服装或时尚元素与原有的服装面料结合，对其进行合理改造，使面料更具有艺术魅力，更符合设计师的应用要求。例如，在传统的面料中使用刺绣、抽褶、填充等方法对其进行改造，让服装面料的时尚元素更为多样，但相互之间又能和谐统一。

与之相反的是服装面料创意设计的"减法原则"。在应用这种设计时也会对面料进行改造，但主要的改造手段是镂空、抽纱、磨损及腐蚀等方法。经过改造后，原有面料的肌理会发生变化，面料在应用中会呈现较为复杂且多变的视觉效果。此外，服装面料的创意设计还包括挑针和印染等处理方法。这些方法的应用会让服装面料的花色或形状发生改变，能让服装面料的应用方法和范围变得更为广泛。

以日本服装设计师三宅一生为例。这位服装设计师被称为"面料魔术师"，他将现代技术、传统面料及哲学思想杂糅成了独树一帜的个人服装设计风格。这位大师对服装面料的创意设计可谓登峰造极。在他的作品中不乏褶皱元素。当他设计的褶皱服装被平放时，宛若一件雕塑品，可以呈现出明显的立体几何图案；而当这件衣服被穿在身上时，又完全符合身体曲线及运动的韵律。他在设计中将面料的服帖、顺滑等特质放大，并应用二次处理工艺，让经过创意设计的服装面料拥有更为突出的创新特色。三宅一生创造出了"一生褶"。在设计环节，将普通针织面料及宣纸等材料有机结合起来，借助传统的服装加工工艺和现代科技手段，实现创意设计，将服装面料的肌理效果凸显出来，使其具有强烈的个人风格特征和视觉冲击力（图4-50）。

图4-50 褶皱系列服装

一、面料的增型处理

用一种或两种以上的材质在现有面料的基础上进行黏合、热压、车缝、补、挂、绣等工艺手段，形成立体、多层次的设计效果（图4-51）。

图4-51

图4-51　面料的增型处理

二、面料的减型处理

对现有面料进行镂空、烧花、烂花、抽丝、剪切、磨砂等形式的破坏，形成错落有致、亦虚亦实的设计效果（图4-52）。

图4-52　面料的减型处理

三、面料的钩编处理

运用各种各样的纤维，通过钩织或编结等手段，组成各种各样富有创意的作品，形成凹凸、交错、连续、对比的视觉效果（图4-53）。

图4-53 面料的钩编处理

四、面料的变形处理

以系扎法最具代表性，用针挑起面料上确定的点，抽成一点，拉紧后打结。图案可以根据面料上连接点距离的长短和连接点方向的变换，可大、可小、可连、可断，且耐水洗、不松散（图4-54）。

图4-54 面料的变形处理

五、面料的综合处理

在进行服装面料改造时，常常运用多种手段进行表现。灵活地运用综合设计的表现方法，会使面料的展现效果更加丰富，创作出具有独特肌理及视觉效果的作品（图4-55）。

六、面料的局部改造

为突出某一服装局部的变化，应增强该局部面料与整体面料的对比性，针对领部、肩部、袖子、胸部、腰部、臀部、下摆及衣服边缘等部位，针对性地进行局部的面料改造设计（图4-56）。

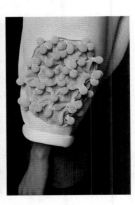

图4-55　面料的综合处理　　　　　　　　　　图4-56　面料的局部改造

七、面料的整体改造

对面料进行整体的改造，强化面料本身的肌理、质感及色彩变化，展示出设计师对服装设计与面料改造的调控能力。三宅一生就曾用宣纸、白棉布、针织棉布、亚麻等材料创作出各种肌理效果的织料，他对面料的改造至今仍被称为典范。

练习题：

1.如何理解点、线、面、体之间的关系？尝试寻找典型图片分析理解。

2.运用点、线、面、体的单一造型要素，各设计一组服装款式。表现形式不限、造型特征突出。

3.运用点、线、面、体多种造型要素结合的方式，进行服装款式设计练习。要求同时使用的造型元素不少于三种。

参考文献

[1]梁明玉，刘丽丽，何钰菡.服装设计：从创意到成衣[M].北京：中国纺织出版社，2018.

[2]杨晓艳.服装设计与创意[M].成都：电子科技大学出版社，2017.

[3]王小萌，张婕，李正.服装设计基础与创意[M].北京：化学工业出版社，2019.

[4]史林.服装设计基础与创意[M].2版.北京：中国纺织出版社，2014.

[5]张文辉，王莉诗.服装设计创意篇[M].上海：学林出版社，2012.

[6]信玉峰.创意服装设计[M].上海：上海交通大学出版社，2013.

[7]周利群.服装设计创意与表现技法[M].北京：化学工业出版社，2009.

[8]凌雅丽.创意服装设计[M].上海：上海人民美术出版社，2015.

[9]肖琼琼.创意服装设计[M].长沙：中南大学出版社，2008.

[10]胡小平.现代服装设计创意与表现[M].西安：西安交通大学出版社，2002.

[11]巨德辉，张皓霖.服装设计原理与创意思维应用[M].北京：中国商务出版社，2016.

[12]郑彤，罗锦婷.服装设计创意方法与实践[M].上海：东华大学出版社，2010.

[13]黄嘉.创意服装设计[M].重庆：西南大学出版社，2009.

[14]史林.服装设计基础与创意[M].北京：中国纺织出版社，2006.

[15]李慧.服装设计思维与创意[M].北京：中国纺织出版社，2018.

[16]刘佟，周怡江，吴煜君，等.服装创意与设计表达[M].上海：东华大学出版社，2023.

[17]卢博佳.服装设计创意艺术研究[M].北京：化学工业出版社，2022.

[18]陈淑聪.毛衫设计基础[M].北京：中国纺织出版社有限公司，2022.

[19]辛芳芳，朱晶晶，纪晓燕.服装设计创意指南[M].上海：东华大学出版社，2015.

[20]张鸿博.服装设计基础[M].武汉：武汉大学出版社，2008.

[21]冯利，刘晓刚.服装设计1：服装设计概论[M].上海：东华大学出版社，2015.

[22]余强.服装设计概论[M].重庆：西南大学出版社，2008.

[23]陈莹，丁瑛，辛芳芳.服装设计[M].北京：化学工业出版社，2015.

[24]梁明玉，牟群.创意服装设计学[M].重庆：西南大学出版社，2011.